重口味心理学 第二季

何运燕◎著

那些奇怪的地球人

中国法制出版社
CHINA LEGAL PUBLISHING HOUSE

前言

当你苛求十全十美时，可曾意识到完美主义是一种怪癖？当你开始无限期地往后推迟工作安排时，可曾意识到自己可能是拖延症患者？当你一遍遍地打扫卫生，直到确定每个角落都一尘不染时，可曾意识到自己可能有洁癖？

其实，每个人多多少少会有一些怪癖心理，只不过表现出来的轻重程度有所不同罢了。要知道，我们的心理世界是无比庞大的，很多怪癖心理的形成都有其各自的原因。当我们逆流而上，追根溯源时，就会惊奇地发现，童年时期父母所给予的爱对于孩子的心理成长尤为重要。即使你已经顺利地长大成人，即使你自己根本就没有意识到，曾经的那些心理影响还是会体现在你生活中的一个个习以为常的行为里。我们竭力挣脱怪癖的纠缠与折磨，一边自我调整和修复，一边努力笑着生活。

《重口味心理学（第二季）》一书从心理学的角度为我们打开了一扇重新认识自己和他人的窗户。它令我们懂得，人类的行为和习惯并不是无法预测或者积重难返的，关键在于你是否已经下定决心，准备好要做更棒的自己。

真诚地希望各位读者通过阅读本书，对怪癖心理和相关的行为有所了解，可以轻松地解读自己和他人身上的小怪癖，发现未曾触摸到的自己，并且进行自我启发，实现自我提升。不管怪癖有多怪，只要每个人都能正视心理怪癖，进行正确的心理调节与疏导，就能收获一个幸福快乐的人生。

抱着这样的想法，笔者虽笔力微薄，仍用心用情为诸位读者写下这本《重口味心理学（第二季）》。力图使整本书既趣味横生，又有实用性和可操作性。但在写作的过程中，由于个人的学识、精力、笔力等均极为有限，难免存在错误疏漏之处，恳请各位尊敬的读者不吝赐教。感谢读者的批评指正，也十分感谢王丽、郭英等友人提供的资料和帮助。

第一章　你有这些小怪癖吗

第二章　自古名人怪癖多

第三章　癖好投射的潜意识

第四章　强迫症集中营

第一章

你有这些小怪癖吗

第一节　癖：积久成习的嗜好

纳粹党魁希特勒是一个几乎没有不良嗜好的人——他不抽烟、不喝酒，是严格的素食主义者和禁欲者；他生活规律、作风简朴，行事很有节制。但恰恰就是这样一个堪称完美之人，发动了第二次世界大战，给人类带来空前的灾难。

“人无癖不可与交，以其无深情也；人无疵不可与交，以其无真气也。”明末大儒张岱如是说。有癖好和瑕疵的人，是性情中人，有“深情”和“真气”，他们可能爱唱歌、爱书画、爱厨艺、爱运动。最怕的是百无一爱的人，这种人要么特别懦弱无能，要么特别富有心机。

那么，到底什么是癖呢？《辞海》中将其解释为积久成习的嗜好。对事物的偏爱一旦形成习惯，就成了癖。

古往今来，不知有多少文人骚客的癖好流传至今。陶渊明喜欢菊花，写下许多咏菊的诗句，“采菊东篱下，悠然见南山”，菊乃花之隐逸者，这与陶渊明的人格融合为一，爱菊是他性情所寄的癖好；陆羽一生爱茶，精于茶道，著有《茶经》。因为嗜茶，所以他对茶树栽培、育种、加工、品茗等均做了深入的研究，爱茶的癖好使他被后人尊为“茶圣”；南唐后主李煜的癖好是舞文弄墨，研究诗词音律，最终却也因一首《虞美人》而潦草丧命；明熹宗朱由校尤其喜好建造房屋，如果不是做了皇帝，他甚至可能会是一位出色的建筑师，但当他全身心沉浸在自己的癖好中时，物我两忘，朝政均由魏忠贤一手操纵，由此加速了大明王朝的灭亡。

清代文学家张潮曾说：“花不可以无蝶，山不可以无泉，石不可以无苔，水不可以无藻，乔木不可以无藤萝，人不可以无癖。”癖好犹如与花为伍的蝴蝶，犹如缓流山间的清泉，犹如点缀青石的苔藓，犹如漂浮水中的萍藻，犹如攀缘乔木的藤萝，是我们生活中不可或缺的调剂。但癖好有俗有雅，有好有坏，我们需要擦亮眼睛，对其加以甄别。雅癖可以怡心养性，给生活带来一缕清香；俗癖则流于世俗，令人随波逐流；而恶癖则可能让我们人格受损，甚至被世人唾弃。

在价值观空前多元化的当今社会，人们的嗜好风格各异、大有不同，但人之为人，终要有些癖好，才会有真心得、真性情。人生几多苦难，有点癖好是一种对心灵的安慰与寄托。譬如，有人喜欢读书，从书中汲取养分，嗜书如命；有人热爱作画，借由画画表达自我，倾注毕生心血；有人淡泊名利，每日粗茶淡饭，自得其乐……这些高雅癖好能够颐养心性。有人享受抽烟带来的吞云吐雾的满足感；有人迷恋推杯换盏后的千杯不醉；还有人在牌桌上流连忘返……此乃俗癖。更有人贩毒吸毒以致害人害己，染上毒癖；有人见了孔方兄就不择手段，得了铜臭癖；还有人日日声色犬马，醉生梦死，在色癖中不能自拔……这些恶癖危害社会，令人生厌。

癖好形成的原因复杂多样，心理学家们多方探讨，却至今也没能给出一个合理的解释。比较常见的一种说法是，癖的产生在最开始时，可能是受到某种优势观念的支配，而这种观念在个体的生活中具有重要意义或强烈的情感支持，如坚信、期待、爱慕等，不易被干扰，有一定的性格基础。就个人而言，有人是兴趣爱好使然，沉醉其中，在癖好中找到自我；有人为寻求刺激，来填补内心的空虚；有人通过癖好转移压力，让自己暂时远离苦恼；也有人想摆脱孤单寂寞，寻找新癖好，让生活因为拥有癖好而获得充实感和新鲜感；还有人为打发闲暇时光，让癖好来充实生活内容。就社会原因而言，有可能是受到家庭环境的熏陶，或者朋友同事的影响，也有可能是网络、电视、报纸等媒体平台的导向，使意志力比较弱的人容易产生跟风、盲从等心理。而癖好一旦形成，人们就会对其产生不同程度的依赖心理，很难克服。

癖好让我们钟情于所爱之物，在对其不懈的追求中做到废寝忘食、全神贯注，甚至可以成就我们的人生；癖好也是我们与他人交流的纽带，在人际交往中发挥着微妙的沟通和维系作用。

我们所看到的一些偏才、专才，就是使自己的癖好与事业达到有机结合和高度统一，他们的人生之所以能够达到一定的高度，甚至可能成为某一领域的权威，正是因为他们对癖好始终如一的专注。而这种专注成了事业的永动机，他们把时间、精力都投入在癖好上并一生为之努力，人生也自然变得精彩万分。

相同的癖好，能够让你找到志同道合之人，在交流中取长补短，增进彼此的认识和了解，还可能发展成为知己。就像俞伯牙和钟子期一样，一曲《高山流水》让他们终遇知音、互道知己。

所以，我们应该认识到癖好对我们的精神世界起到的微妙影响，在生活中努力培养高雅癖好，远离不良嗜好，杜绝恶癖。

培养高雅癖好。高雅的癖好既可以丰富我们的精神世界，又可以陶冶情操。不妨在工作之余培养一种乐趣，琴棋书画、吟诗作赋、运动垂钓、花草动物、金石收藏等诸多癖好中，总有一种适合你。对于癖好的痴迷程度当然因人而异，最好在科学、文明、高雅的环境中养成一种健康的癖好和习惯。

远离不良嗜好。深刻地理解并认识不良嗜好对生活和精神的危害，为了生活健康、家庭幸福、事业发展，一定要勇敢抵制住不良嗜好的诱惑。对现阶段正在接触、尝试并产生一定程度依赖的不良嗜好，要采取有效措施，努力克服；对已经形成的不良嗜好，在彻底摆脱难度比较大时，要坚持在不影响自己精神状态的基础上，逐步减少对嗜好的依赖，最终将其完全克服。切记，我们万不可成为不良嗜好的传播者与忠实信徒。

杜绝恶癖缠身。恶癖一般都是突破道德底线甚至构成犯罪的嗜好。我们遇到有恶癖的人时，应该及时予以举报，通过法律手段惩治恶癖，才能铲除恶癖。同时，也要严格要求自己，杜绝恶癖，不能做违背本心的事情，更不能以此为癖好。

“萝卜白菜，各有所爱。”癖好是我们的精神自由，也会因自身的精神境界高低而具有层次之别。文明程度越高，雅癖就越受推崇。当然，我们的任何癖好都不能影响他人，甚至阻碍社会，只有让良性的癖好在精神世界中相互交织，才会令生活更加绚丽多彩。

我们也许无法像古人那样沉浸在诗情画意中，但也应该在繁重的工作之外，为自己的心灵找寻一片可以自在飞翔的天空。所以，追求积极向上的癖好吧，让生活多点意趣，多点快乐，也多点美好和与众不同。

第二节　像一只囤积的松鼠

松鼠应该算是储存冬季食物的佼佼者之一了。在果实纷纷成熟的收获季节——秋天，松鼠们就已经开始为储存过冬的食物而日夜忙碌了。它们会预先找好干燥的树洞或者挖好地洞作为囤积粮食的仓库，然后再将辛苦找到的食物诸如松子、松果、胡桃、橡实等坚果分别贮存在几处不同的地方，并细心地用泥土或树叶掩盖。从秋到冬，松鼠们会一直不辞劳苦地四处奔波，用嘴巴含着食物一趟又一趟地往返，将食物源源不断地运送到自己的仓库里去。为了防止食物变质发霉，它们还懂得挑选一些天气晴朗的日子，爬到通风朝阳的树杈上将食物一一晾晒、风干。这样一来，等到寒冷的冬天来临，不管需要经历怎样恶劣复杂的气候环境，松鼠的食物都能够完好无损。到那时，它们根本就无须担心粮草供应的问题，只要凭借自己敏锐的嗅觉，就能够轻而易举地找到秋天贮藏好的食物。然后有模有样地蹲坐在树枝上，津津有味地享用自己的“劳动果实”，吃饱喝足以后就窝在温暖的家里眯着眼睛睡大觉。

试着在脑海中设想一下这样的一幅画面：松鼠们三三两两地聚在一起，举起小手，一边忙着把食物送入口中，一边还警惕地竖着耳朵倾听着，东看西看，左顾右盼……你是不是觉得非常滑稽好笑，感叹这些囤积食物的小松鼠真的是可爱至极的一种动物。由于现代社会的学习工作环境逐渐变得优越，人们能够接触到的信息量骤然加大，令自己难以取舍，应接不暇，社会中也相应地出现了像松鼠一样的囤积狂人，他们看起来却似乎一点儿都不可爱。他们喜欢在家里囤积各种物品，最常见的就是衣服、报纸、书籍、工艺品、纪念品等，就这样不停地积攒，直至把房间塞得满满当当。甚至还有人囤积穿过的内衣裤、捡来的烟盒、糖果皮等一些不卫生、有危险性的物品，这些物品乱七八糟地堆在一起，摆放得毫无规律可言，令整个房间显得杂乱不堪。

这类囤积狂人其实离我们并没有那么遥远，你也可以对照一下，自己是否有以下行为：在办公室里或者家里，明明已经摆满了一大堆没开封、用不上的东西，却还固执地认为自己需要再多添置一些物品；即使衣橱、书架里已经塞得满满的，也不愿丢掉一些早已经用不上的东西，觉得每件东西都是你的宝贝，即使是一本旧杂志，也觉得“说不定哪一天，这本杂志会派上用场”；心里知道家里废旧的东西太多，可每次整理房间想扔掉一些物品的时候，却始终舍不得，根本下不了拎出去扔掉的决心。

如果你也有以上这些症状，就要小心了，你可能患上了囤积症。心理学上认为，过度地收购或收集物件，甚至是一些不值钱、不卫生或有危险性的物品，并拒绝丢弃的行为就是囤积症，也有人称其为松鼠症。美国精神病学会在2012年5月发布的诊断手册中，将囤积强迫症正式确认为精神障碍的一种。心理学家认为，囤积症更多见于单身人士、教育程度低者、中老年人或者低收入者。另外，这种症状在心理疾病人群中也很常见，如抑郁症、焦虑症、精神分裂症患者等。

在很多人眼中，安迪·沃霍尔就介于怪异和病态之间。作为一位美国知名的艺术家，他应该称得上是一个标准的囤积症患者。安迪·沃霍尔一直积攒所谓的“时间胶囊”，在他去世时，“时间胶囊”的数量竟然高达612个。“时间胶囊”是他保存的所有盒子，里面储藏着他随手用过的大大小小的物品，包括信件、书、礼品、文件等，只要盒子一满就密封好，标注上日期，放到仓库里妥善保存。这些盒子里的物品几乎记录下了他全部的生活轨迹，直到1987年去世。尽管“时间胶囊”并不能完全定格他的生命，但在安迪·沃霍尔逝世后，他的这些带有时间印记的盒子却成了一件件独特的“艺术品”。

囤积症患者保存着早已过时的衣服，表明他们对于未来忧心忡忡，缺乏信心；不愿意扔掉任何一件东西，并不是出于对这些东西的喜爱，而是害怕抛弃所带来的那种恐惧；留下曾经拥有的物品，用以证明自己的某种价值或者能力，从而有助于自我肯定……这种囤积症严重影响到患者的正常生活，他们通常具有处理信息方面的障碍，可能会出现走神、注意力不集中或者过分活跃等不良症状。囤积症患者一般都是完美主义者，他们害怕做出错误的决定，希望一直保留所有的东西；囤积症患者对于丢弃物品会产生焦虑心理；囤积症患者还可能有控制障碍，他们几乎意识不到自己的毛病，直至这些毛病越来越深地影响到自己和家人的正常生活。

囤积症可能跟童年、青少年时期的生活经历，或者父母的教养方式有关，日积月累形成的既定价值观念很难轻易改变。此外，囤积症的形成在很大程度上和“心理创伤”有关，它是自我宣泄情感的一种方式，通过囤积物品在自己周边建立一道屏障，让自己在其中找到安全感；还有可能是因为患者遇到了挫折，通过囤积物品让自己与外界隔绝，回避现实生活，压抑心中的痛苦。

综上，囤积症患者保存的物品中承载了很多记忆和强烈的情感，只有正视自己囤积的原因，才能克服深藏于心的“恶魔”，让杂物不再堆积。

理解并宽容地接纳囤积症患者。我们可以将囤积症患者的囤积欲望控制在合理的范围。在童年时期，家长应适当满足子女的一些需求，满足他们适度的占有欲；对于青少年过分购买、囤积物品的行为，应鼓励他们与朋友相互倾诉，进行减压，消灭心理疾病产生的苗头；对老年人的囤物行为，则应给予宽容和理解，因为老年人大多比较爱惜物品，内心更倾向于省吃俭用、勤俭节约。可以在接纳他们的基础上，与其进行沟通，和他们交流不同的价值观念，让老年人体会到被爱、被尊重与被关心，然后才能逐渐缓解囤积行为。

将囤积升华为收藏。囤积其实是一种都市化的生存状态，人们之所以会囤积物品，有时候也带有一些炫富和夸耀的成分。囤积症患者习惯按照视觉和空间来对物品分类，囤积下来的物品毫无实用价值不说，还放置得杂乱无章，整理起来非常困难。而如果将囤积发展为一种收藏爱好，人们就能够有目的性地、清醒地收集物品，并将自己的收藏品分类摆放整齐。一方面体现了自己的收藏理念，甚至可以发展成财富，另一方面也可以让更多人接受和欣赏自己的收藏品，在收藏过程中得到心理上的满足。

适当处理闲置物品。囤积者在得到某种物品时，只顾体会拥有时的美妙感觉，却从不考虑将其放到哪里或者花多少钱。要将其丢弃时，又只会想到自己失去了什么，而不管丢弃后可能得到的好处。对此，囤积症患者要自我分析囤积物品背后的深层原因，对症下药。学会丢弃闲置物品，避免大量囤积的现象。可以转赠朋友，“赠人玫瑰，手有余香”；也可以通过慈善渠道捐赠出去；或者从同城网站二手转卖，给不用的物品找一个合理的去处。

当然，一般的囤积者都不会达到科利尔兄弟那样的程度，弟弟兰利被堆积如山的杂物卡住窒息而亡，哥哥霍默则活活被饿死，事后，警察挖了84吨垃圾才找到兄弟俩的尸体。囤积物品到了这步田地，不得不令人感慨唏嘘！只要囤积症患者能够意识到杂乱无章的生活给自己带来的负面影响，过多的物品给自己增添的压力，就一定会愿意寻求改变，不再邋遢，告别凌乱。所以，通过具体有效的方法来改善自己的囤积症吧，让自己从“囤积人生”走向“减法人生”，让生活更加轻盈、更加整洁、更加快乐、更加健康。

第三节　恋家还是恋自我空间

在我国，每年的春节前后都会上演一场极为壮观的“春运潮”。尽管买票难、乘车难、行路难，但是人们想要回家的澎湃心情却无法遏制。有人彻夜守候在电脑前，只为抢到一张回家的车票；有人宁愿多次换乘，在几个车站间反复游走，争分夺秒，只为能够早点回家；还有人甘愿加入铁骑大军，骑行千里，只为回家！

家，在我们的心里，是一泓温暖和安定的港湾。“慈母手中线，游子身上衣”，家就是凝聚母爱的新衣；“乡书何处达，归雁洛阳边”，家就是饱含关切的书信；“露从今夜白，月是故乡明”，家就是引人追随的那一弯明月。

人类的天性正是如此，一直留恋和向往无比温馨的家庭。古老的中华民族更是如此，自始至终都萦绕着一种浓烈而又传统的“恋家情结”。不可否认，家庭伦理及传统文化对于我们的思想产生了深刻的影响。不论出于哪种心态——四世同堂、安土重迁、叶落归根，也不论走到东南西北、海角天涯，我们始终都不会忘记祖先世世代代繁衍生息的那片热土，也不会忘记父母精心烹制的美味佳肴，更不会忘记承载着一代人成长记忆的那个家园，那张舒适的小床……千言万语汇成一句话：流浪在外的人们都想回家。

俗语说："在家千日好，出门一时难。"我们之所以会恋家，大多是因为家会给我们一种有所归依的感觉，会让我们感到稳定和安心，会给我们情感上带来极大的认同感和满足感。

恋家，是指个人对于家庭的一种依恋心理，大致包括认知、情感、行为三个方面的依恋，即在认识上把家庭放在重要位置，在情感上无比热爱家庭，在行为上不愿远离家庭。家就像一个巨大的磁场，吸引着人们去靠近它。家是游子渴望的生命归宿，也是漂泊浪人向往的心灵驿站，更是恩爱夫妻同甘共苦的真心暖巢。

我们所熟知的著名文学家周作人，也是一位极其恋家的代表性人物。1919年鲁迅先生独自奔走，购置并修缮了八道湾11号的旧宅院，把全家人从绍兴接到了北京。周作人从这一年住进八道湾以后，至死都没有再搬过家。而其他人则纷纷离开，鲁迅不久后搬到了砖塔胡同以及后来的西三条胡同，周建人也只住了一年多就去了上海。

周作人一直把八道湾当作自己隐逸的乐园。七七事变后，北平沦陷，众多文人南迁，周作人却不顾朋友的劝告敦促，执意留在北平，不愿离开八道湾。1939年元旦，一位自称是他学生的客人枪击了周作人，凶手未被抓获，周作人受了轻伤，尽管是在八道湾遇刺，他还是不愿离开。直到1967年，周作人死在八道湾。在他生命的最后一刻，也没有离开八道湾的家。

八道湾在周作人心中的意义，已经远远超过了家，是心灵渴望的庇护场所，是与世无争的一方净土，更是自己休憩疗伤的绝妙圣地。

在恋家心理中，成人的依恋类型大致有三种：安全型——相信在需要时家人会给自己关爱和支持；反抗型——忧虑家人不能完全爱自己；回避型——不太在意亲密关系，宁愿不依赖家人或者不让家人过于依赖自己。其中，反抗型和回避型的依恋是不安全的，在恋家心理中所占的比例较小。

那么，人为什么会恋家呢？家也不过是一座房子。是的，家是一座房子，但那里还有我们最亲爱的家人，那里可以为我们遮风挡雨。家就是这样的一个地方，给我们安全的心理感受。恋家，实际上就是恋自我空间，享受自我空间给我们带来的归属感、安全感和轻松感。尤其在家中自己的房间、自己的床上，更让你有依偎在母亲怀抱中的温暖感觉，让你感到精神放松，身心愉快。这种自我空间的存在，能够让我们找到自己，能够形成“我”的身份认同，充分感受“我”的自在。

当我们离开家，到陌生的环境中时，接触的人与环境都是不熟悉的，我们就会产生不自然感，容易滋生各种焦虑心理。恋家会滋生分离性焦虑。我们会对父母无比依恋，这种对家人的情感依恋导致我们不愿远离家门，渴望能够和家人近距离生活，在异乡时则更能体会“独在异乡为异客，每逢佳节倍思亲”的感受。恋家会滋生恋旧性焦虑。人们都是恋旧的，家是你最熟悉的地方，能够给你最需要的安全感。离开家就可能令你感到不安，特别是在陌生的环境中，总能感到家里的人、物、事更美好，所以倍加思念家人。“床前明月光，疑是地上霜，举头望明月，低头思故乡”，体现的就是这种浓浓的思乡情怀，只有对新环境熟悉之后，才能逐步建立起来安全感。恋家也会滋生适应性焦虑。从在家有家人的体贴照顾到在外一切需要自力更生，我们都会有一个适应过程。毕竟“金窝银窝不如自己的草窝”，出门在外，事无巨细都要自己操持，对自己来说无疑是一个对身心的巨大考验。恋家还会滋生交际焦虑。离开熟悉的人际圈，就会缺乏归属感，新环境中到处都是新面孔，这时就必须认识新朋友，建立新圈子，这就会令我们在渴望交友和交际能力欠缺时遭遇新的挑战。

当然，适度的恋家有助于自己和家人的情感交流，也有助于自我意识的成熟，但是过度恋家的话，就需谨慎对待了。如果恋家程度过深过重，一方面会影响到正常的生活和交际，另一方面也会影响自我向外的发展与成长。所以我们一定要重视，并尽快形成“第二依恋”。

我们应当正确对待自己具有恋家情结的现实。可以借鉴“安全型依恋”的经验，在新的生活、工作环境中，尽快进行依恋情感的转换，更快地融入新的环境。努力寻找习惯的地方安置我们的依恋情感，即使是一张桌子、一把椅子、一个摆件，只要它属于自己，就能让自己的情感安定下来。还可以结交新朋友，与他们形成良性的沟通，通过多种形式的社交活动与朋友建立互信的关系，从朋友那里获得精神上的依恋需求。

对于个人而言，要想真正摆脱对家的依恋，摆脱对自我空间的依恋，让自我意识觉醒，实现自我超越，绝非易事。所以，我们应该充分认识历史、文化、生理、心理上的诸多影响因素，在自我空间和外面世界之间把握一种平衡，达到自我、家和社会和谐共进的状态。

第四节　每天赖床一小时

王尔德说："他们起得早，因为有许多事要做；睡得也早，因为没什么事好想。"虽然我们都明白"一年之计在于春，一日之计在于晨"的道理，有些人却还是会为赖床找到更多的理由。而时下的很多年轻人都喜欢赖床，平常工作和生活节奏太紧张，到了周末或者节假日，例行的一课就是补觉。即使睡醒了也不愿意起床，即使家人狂轰滥炸或手机闹钟铃声大作，也无济于事。

赖床，顾名思义，就是早上明明醒了，却因为各种理由而不愿起床，只顾赖在床上多躺上一会儿。对此，睡眠专家认为，赖床五分钟非但没什么害处，反而有益健康；但赖床半个小时，甚至一个小时，时间就有点过长了。在2013年发布的睡眠障碍国际分类标准中，赖床作为第二类发作性睡眠疾病，被归类到睡眠障碍之中。

赖床，其实跟人体内的褪黑素含量有关。褪黑素又称松果体素，是根据光亮和黑暗来控制睡眠的一种荷尔蒙，阳光能够抑制褪黑素的分泌。如果褪黑素的含量较高，人们就会困倦。早上，人们之所以会赖床，有一部分原因是厚重的窗帘令我们接触不到阳光，也就无法抑制褪黑素的分泌，会继续犯困，想要再睡一会儿。而人的机体较长时间处于不活跃的状态，体温比较低，会分泌出更多的褪黑素，令你一整天都感觉昏昏欲睡，又会影响到晚上的睡眠质量。

赖床对于熬夜工作、严重缺觉的“夜猫子”来说，是稀松平常的事情。如果平均每天睡眠时间都在六到八小时之间，那么偶尔周末赖赖床、补补觉，也是很正常的。但如果每天都赖床不起，早上总是比较疲倦、情绪不高，那就应警惕了，这可能已经是病态赖床了。

睡眠是我们每天必须要进行的一项生理活动。但如果经常性地赖床，可能引发身体不适。赖床时，会因为过长时间抑制大脑皮质而造成大脑供血不足，以致起床后头昏脑涨，无法集中精力；赖床会破坏我们正常的作息规律，导致生物钟紊乱；赖床会让我们错过早饭，打乱肠胃活动规律，长此以往可能造成消化不良；赖床时，人因为不愿意离开被窝而长期憋尿，导致尿液滞留，侵害泌尿系统健康；赖床时，也会因为早上卧室空气污浊，含有大量细菌、二氧化碳、灰尘等的空气无法排出而毒害呼吸系统；赖床还会使血液循环变慢，营养无法高效传送，代谢物质也不能快速排出。

尽管赖床有着诸多弊端，可还是会有很多人乐此不疲。因为床是满足我们基础情感需求的乐园，能够给予我们温暖、安全和爱。美国游泳运动员菲尔普斯曾在 2008 年北京奥运会上一举夺得 8 块金牌。他就曾经自曝很爱睡懒觉，在比赛日更是每天都要赖床半个小时。他说：“我在哪里都能睡着，在椅子上也一样。早上，妈妈会叫我起床。等叫到第三遍、第四遍时她会说：‘迈克尔，我又上楼来叫你了！别跟我说你还没有起床啊。’事实上，我的确还在床上。”当然，菲尔普斯虽然喜欢赖床，也仅限于比赛日而已，算是合理地安排时间了。更何况他的闹钟一般都设在早上四点半到五点之间，即使赖床半小时，也比我们普通人要早很多。

其实，早起虽然没有那么容易，但也绝没有想象中那么困难。早起和赖床甚至都称得上是一个自我斗争的艰难过程。智者亚里士多德曾经说过：“在天亮之前起床是个好习惯，对你的健康、财富和智慧有益。”古往今来，能够被历史铭记，在政治、文学、经济等诸多领域取得一番成就的名人大多有早起的好习惯。

曾国藩是晚清时期名臣，在历史评价上虽然具有一定的争议性，但不可否认的是，他在事业、治家方面都很成功，通过广为人知的《曾国藩家书》，更能看出他的严于律己。曾国藩年轻的时候也有过晚起的坏毛病，他曾在道光二十年六月初七的日记中写道：“兹拟自今以后，每日早起，习寸大字一百，又作应酬字少许；辰后，温经书，有所知则载《茶余偶谈》；日后读史亦载《茶余偶谈》；酉刻至亥刻读集，亦载《茶余偶谈》；或有所作诗文，则灯后不读书，但作文可耳。”此后，曾国藩下定决心要养成规律作息的习惯，改掉晚起的恶习。在之后的岁月里，他开始自律自勉，身体力行。从咸丰十年时期他的日记中我们能够推知，他已经养成了规律的作息、研习、工作和生活习惯——“夜睡颇熟，四更即醒。”曾国藩用了20年的时间，将早起作为一种修身养性的锻炼方法，终于获得成功。他曾经把自己的心得体会与弟弟曾国荃分享，在写给弟弟的书信中提到："欲去惰字，总以不晏起为第一义。"就是说要想改变惰性，早起是第一要义。曾国藩在教育诸子侄时也总结了"八本"——"读书以训诂为本，诗文以声调为本，事亲以得欢心为本，养生以少恼怒为本，立身以不妄语为本，居家以不晏起为本，居官以不要钱为本，行军以不扰民为本。"可以说，他一直都将早起看得极为重要，坚持早起，磨砺了他的"勤"和"谦"，终于助其成就了一番事业，流芳千古，名垂青史。

我们即使比不了曾国藩的大境界，但如果想要人生有所成就，想要事业有所突破，想要自己有所成长，就必须对自己严格要求，首先可以从改变赖床这个坏习惯做起。

养成科学作息的习惯。中医理论认为，人的生物作息时间应该顺应自然的规律。健康的睡眠，要顺应四季、顺应四时。我们可以为自己制定一份科学的作息时间表，养成天人合一的良好睡眠习惯。晚上按时睡觉，将睡眠当作第二天的开始，而不是每天熬夜加班，影响身体的排毒和解毒功能。睡觉前，关掉手机、电脑等电子产品，保持轻松自在的精神状态，保证每天六到八小时的睡眠。早上坚持早起吃早饭，如果实在不想起床，可以安排在早上做一些创造性的工作，如画画、写作等，激励自己，帮助自己摆脱倦怠。

一如既往地磨砺意志。坚强的意志力，对于克服赖床恶习具有至关重要的作用。想要养成早睡早起、不再赖床的好习惯，确实需要一个比较长的时间段才能逐步完成。所以，我们要有比较强的自制力，还要努力克服自己性格中的惰性和消极的一面，同时不受外界环境，如天气转凉等客观因素的影响。要知道，所有的一切都是在考验你的意志力，只有长期坚持并严加克制，才能养成早睡早起的健康生活习惯。

中国有句谚语："早起三光，晚起三慌。"早起，会使我们的时间更充裕，思考更周全，精神更富有活力。只要能够珍惜时间，重视时间，养成定时守时的思想观念，我们自然而然就会远离赖床的恶习。

第五节　让人揪心的处女座

处女座在许多“星座控”的眼中，就好比月饼界的五仁月饼，是会被人敬而远之的星座。而处女座之所以不受大家欢迎，就是因为他们过于追求完美、吹毛求疵、太爱挑剔，令旁人无法忍受，也让人替他们慨叹。

可以毫不客气地说，处女座简直就是完美主义的最佳代言人。他们经常会为如何尽善尽美地完成任务而纠结，尽管他们内心深知这其实不太可能。他们会把每件简单事情的每个细节都做到十全十美，挑剔起来没完没了，不但自己殚精竭虑，也让别人不胜其扰。如果其间出现一丝一毫的差池，他们就会陷入永无止境的自责状态，只因他们无法接受瑕不掩瑜，只渴望精益求精。

他们以上的种种表现，其实正是完美主义在作祟。完美主义者都把标准定得过高，高到不切合实际，并且带有明显的强迫性倾向，要求自己去做不可能做到的事。1980年，美国精神病学会曾将完美主义作为强迫型人格障碍的诊断标准之一，写进了《心理障碍的诊断与统计手册》。

我们所熟知的很多处女座名人也大多有完美主义情结。1980年，张国荣、陈百强和钟保罗合作拍摄了电影《喝彩》，影片极为卖座，可以说大获成功。而他们三人也因为年轻帅气、容貌俊美，而被公众称为“三剑侠”。巧的是，他们三个人都是处女座，更巧的是，他们全都死于自杀。

逝者已逝，徒留追忆。从三个人的成长轨迹、事业发展、为人处世来看，他们都是典型的完美主义者。可以说，是完美主义情结成就了他们辉煌的事业，给大众带来无限美感与欢乐。可也正因此，他们错失了爱情，甚至在一定程度上，完美主义也最终导致了他们的自我了断。

拿张国荣来说，他是一个绝对的完美主义者。为了坚持艺术，张国荣在做每一件事时都会力求完美。为了能拍好一个MV，他会带上30多套衣服试造型；为了完美地出现在代言现场，他会在繁忙的工作中腾出时间来构思发言稿和上场姿态，以及在现场与观众的互动，绝不容许一丝一毫的马虎；在拍摄《霸王别姬》时，他为了使虞姬上台表演的戏曲能够完美呈现，曾经把一个镜头拍了30多遍，在台上一遍又一遍地唱，直到自己满意才肯下台，甚至比导演对自己的要求还高；为了演唱会的现场效果，他几乎每天都坚持去彩排，将每个细节都准备到位，将完美主义者的特质发挥得淋漓尽致。

要知道，世界上原本就没有完美的人，可处女座的他们却一直在力求完美。而适当的完美主义可以让我们做事更有目标，更有前进动力，更能严于律己。正如法国著名足球运动员齐达内所说：

“在枯燥的训练生活中，正是那种不断完善自己的欲望让我坚持下来。”完美主义的确能够让我们无限趋近于完美。

但是心理学家大卫·伯恩斯也曾告诫完美主义者：“想要伸手摘星，却可能两手空空”，尤其可能“陷入人际关系困境和情感障碍”。完美的目标给人带来的是沉重的压力，可能会使处女座们产生挫败感和自我否定感。此时，在他们的眼里只有瑕疵和问题，根本看不到成功，也得不到任何满足感，严重削弱了自信乐观的精神。“水至清则无鱼，人至察则无徒。”完美主义情结让处女座们变得非常固执，眼里容不得沙子，对别人产生不信任感，要求太过严苛，甚至可能会因此与别人产生摩擦，造成别人的反感，而他自身的负面情绪也消极地影响着他的人际关系。另外，他们内心深处会非常害怕失败带来的恐惧，无时无刻不在担心自己的表现，过度焦虑和紧张甚至让他们窒息，进而引发抑郁、焦虑和强迫症等心理问题。

大量研究表明，家庭环境是完美主义思维形成的密切相关因素。例如，父母自身有完美主义倾向、父母的教养方式以及亲子互动关系不当，尤其是童年的家教太严，父母对子女过分严厉；或者希望子女按照期望的模式发展，对他们进行过分的干涉；或者给子女设定难以企及的目标及标准，苛责子女照此执行，致使完美主义者的童年产生心理阴影，或者产生了错误认识——“如果我表现得再完美一点，父母应该就会爱我更多一点。”所以，他们拼尽全力追求完美，只为取悦父母，以期得到父母更多的爱与赞扬。

其实，我们每个人都或多或少会有一些完美主义倾向，对此根本无须担心。只有完美主义特质影响到你的生活时，它才成了一个问题。英国首相丘吉尔曾说，完美主义等于瘫痪。也只有当你放下心中执念时，才能从完美主义中解脱出来。

接受事物的不完美。俗语说，金无足赤，人无完人。完美是可望而不可即的，世界上根本不存在十全十美的事物。套用一句广告词："没有最好，只有更好。"没有实现完美，才让我们有不竭的动力去追求完美。对于自己追求完美的心理，分清楚到底是因为希望自己更优秀的积极心理，还是出于不这样就害怕、难受的强迫性消极心理，适时接受自己的不完美和生活中的不完美，不断提醒自己：一切都是暂时的，通过我的努力，在将来定会有所改变。

目标要实际。完美主义者终其一生可能从未体验过完全实现目标的感觉，因为完美是一种不可能实现的追求。我们要现实一点，实际的目标可以让我们走得更远，没必要设定那些不切实际的目标。你想想，即使是著名的文学家，也仅仅留有一两部传世名作而已。

学着自我嘉奖。不仅要嘉奖自己的成功，我们还应该经常性地嘉奖自己的勇气、大胆的尝试、曾经的失败，更要对自己的不懈努力进行嘉奖。因为不管是勇气、尝试或者失败，都是别人无法给予的，这些都是在成功路上助你一臂之力的宝贵财富。

平衡完美和效率。完美主义者总是会浪费大把的时间和精力去制订详尽周密的计划，希望可以做到万无一失。过度的计划从来没有被执行到底，往往会半途而废。其实，我们可以有选择地追求局部范围的有限完美。我们还应认真考量完美和时效之间的性价比，在完美和效率之间找到平衡点，将有限的时间、精力、资源投入最有价值的追求中去。

要相信，我们是可以走出追求完美主义的怪圈的，不能因力求精细而忽略大局，让自己疲于奔命，而丢失本性。我们更应追求卓越，立足当下，回头自省，督促自己保持积极的心态，争取收获更完美的人生。与此同时，更要接受不完美的自己，做最真实的自己，为不完美的自己大声喝彩。

第六节　拖延症重度患者

“我们一直推迟我们知道最终无法逃避的事情，这种蠢行是一个普遍的人性弱点，它或多或少都盘踞在每个人的心灵之中。”这是英国作家塞缪尔·约翰逊在1751年写下的有关人性中的拖延的文字，当时他正在赶着写一篇迟迟没有交稿的文章。

其实，正像塞缪尔说的那样，拖延症几乎成了这个时代的每一个人或多或少存在的问题。在我们的身边，你随时可以看到，每天加班到深夜的公司白领，依旧不能按时完成自己的统计报表；窝在宿舍里痴迷于游戏的大学生，拖拖拉拉无法完成该上交的作业；年轻气盛、趾高气扬的报社编辑，私下里日日夜夜都在与最后期限做着艰难而卓绝的斗争……拖延症确确实实给很多人带来了无穷无尽的困扰。

现在请客观地回忆一下你自己，是否也曾拖延该做的事情？总认为时间还很宽裕，不紧不慢，不急不躁，只打算赶到截止日期之前交活儿；上班的时候优哉游哉，直到快下班了，才发现有要紧的工作还没做完；做一件事情时，脑子里总能找到各种奇葩的理由来说服自己不着急，可以等一会儿再说；常常因为时间紧迫，而草草交差、敷衍了事……

拖延症是指“把昨天的事情放到明天”，即不能在规定的时间内完成既定目标并由此滋生诸多负面情绪，如出现强烈的自责情绪、负罪感、不断的自我否定与自我贬低，甚至会出现焦虑症、抑郁症、强迫症等一系列心理疾病。

达·芬奇应该算是拖延症重度患者中最具有代表性的一位名人了。作为意大利文艺复兴三杰之一，达·芬奇是集画家、音乐家、哲学家、发明家、生物学家、地理学家、建筑工程师等诸多头衔于一身的旷世奇才。但也正是由于达·芬奇涉足的领域太多太广，导致他的精力比较分散，根本无法完全集中在某一具体的目标上。因为追求极致完美和新的灵感，达·芬奇分别用长达四年和三年的时间创作了《蒙娜丽莎》和《最后的晚餐》两幅画作，超长的创作时间严重影响到了他与客户之间的关系。

在达·芬奇去世以后，人们惊奇地发现，他流传于世的六千多页手稿竟然也不过是其毕生所做的研究的三分之一，未公布的手稿里面五花八门地记录了达·芬奇无数个有开头没结尾的构想，其中就包括直升机、机关枪、机器人、坦克、太阳能等概念性发明。而作为整个欧洲文艺复兴时期最完美的代表，达·芬奇的传世画作竟不超过20幅。这一切都是因为，他有过太多想要实现的想法，但这些想法却大多被拖了几年、几十年乃至长长的一生，最终都没有完成。达·芬奇自己也一直被这些事情深深困扰，在其疾病缠身、即将离世之际，还曾经苦恼地发问：“谁能告诉我，有什么事是做完了的？”

即使是伟大、深邃的巨匠达·芬奇，也曾经为拖延症懊恼和悔恨。作为普通人的我们，就更不必说了。要知道，日积月累的拖延只会严重影响个人发展。正是拖延让机遇稍纵即逝，让我们与成功失之交臂；正是拖延带来似乎永远完成不了的工作，让我们承受着巨大的心理压力，损害我们的身心健康；正是拖延导致我们出现诚信危机，给我们的职业前途平添几多障碍；正是拖延蚕食了我们的合作关系，使我们辛苦建立的人脉几乎毁于一旦；正是拖延让我们的能力被迫进入下行通道，摧毁了我们的意志，甚至令我们一事无成。如上所述，拖延症的危害根本不能一一列数，而拖延症患者也很容易形成恶性循环，日复一日地恶化下去，长此以往，变得破罐子破摔，只能拿出更差的表现。其实，拖延症患者自己心里也都明白：拖拖拉拉地做事情，给人的印象非常不好，可以说害人害己。尽管如此，很多人还是宁愿等到最后一刻再开工。

当然，拖延症的形成是有着诸多原因的，具体归纳起来无非有以下三种：

不愿做。有可能是因为对将要做的事情比较反感，已经先入为主地认为做事的过程比较痛苦，会有很多困难，于是想要逃避压力；也有可能是因为目标和回报太遥不可及，眼高手低，感觉对自己的成长和发展没有太大意义，所以能拖就拖；还有可能是因为对自身的能力缺乏信心，曾经遇到过重大挫败，极为恐惧失败，容易产生逃避心理，因此，经常寻找借口来拖延进度。

不会做。一个完美主义者往往因为太想把一件事情做好，而不断地设想和修订着各种各样的计划，却一直不付诸实际行动；或者因为过于生疏，感觉无从下手，不知道该从哪里开始自己的第一步。

没时间做。一直无法一心一意、集中精力地做事情，总是受外界的干扰，注意力比较分散并且容易冲动，无法严格地约束自己；或是每天的时间安排得太满，事情堆积如山，却不能分清轻重缓急，眉毛胡子一把抓，毫无主次。

因此，拖延症患者会把工作都推到明天去做，“明日复明日，明日何其多？我生待明日，万事成蹉跎。世人若被明日累，春去秋来老将至。朝看水东流，暮看日西坠。百年明日能几何？请君听我明日歌！”明代钱鹤滩写的这首《明日歌》生动地阐明了拖延症对于日常生活的负面影响。难道我们还要把所有的事情都拖到明天去做，最后变得一事无成吗？

不！这绝不是你我想要的生活。难道我们想在回忆往事的时候因为虚度年华而悔恨，或者因为碌碌无为而羞耻吗？既然我们已经认识到拖延是一种恶习，那么，不妨就从现在做起，拒绝借口，拒绝拖延。

坚信自身实力，保持不卑不亢的态度。着力加强自身心理素质，学会用成长的心态看待失败，尽快找到不自信的源头，摧毁它、攻克它。阶段性地考察自己的能力、兴趣、性格等自身素质与现行工作的匹配度，目标明确、有选择地给自己能力框架上的漏洞“打补丁”。

摒弃鸵鸟心态，敢于直面工作。一些人明明知道拖延不对，却还是像一只将脑袋深深埋进沙堆的鸵鸟，一味地逃避现实，躲避工作。这当然是不可取的，我们必须正视问题的存在，不找借口，不怕困难，不自欺欺人，不断强化面对挫折、战胜挫折的能力，即使心存恐惧，也要立即开始行动。

放弃完美主义，适当降低起点。很多时候，我们会努力把每一件事情做得尽善尽美，在做这件事情之前就开始为各种未知的问题焦虑，在没有十足的把握之前迟迟不敢着手去做，就这样延误了时机，一直拖到最后。此时，我们不妨客观地认识事情的发展变化，正确地进行自我评估，试着对自己说：你现在状态很好，已经可以开始了。适当放低要求，从最简单的一步开始，给自己一个大大的鼓励。

制订合理的计划，有效地分解执行。拖延症患者尤其需要用计划来规划时间。一个靠谱的计划，是你踮起脚、努力一下就能很快实现的，一定要给自己足够的动力和压力来有效规划办事日程。我们可以将计划分解成一个个的小目标，将复杂工作简单化，找准切入点，这样一来，就能循序渐进地完成既定的计划。

杜绝干扰源头，全力攻坚克难。“集中精力、心无旁骛”，简简单单的八个字，又有几人能够真正做到呢？要知道，我们的注意力其实非常有限，所以最好一次只做好一件事情，让精力无比集中地专注于这一件事情，一门心思埋头苦干，不理会任何外界的干扰源。

创业家马云曾经说过：“今天很残酷，明天更残酷，后天会很美好，但绝大多数人都死在明天晚上，却见不到后天的太阳。”亲爱的朋友们，一定不要在拖延中浪费宝贵的时间和生命，只有真正的英雄，才能看到更美的黎明。

第七节　宅男到底“宅”在哪里

起床时已日上三竿，倒也不用着急，时间还充裕得很，反正恰逢周末，不用上班；对着镜子胡乱抹两把脸权当洗漱，不用很认真，反正也不去见谁；衣服随便套上一件，不用谈体面，反正也不出门；低头一看好像是从上周起就一直穿着的那件，管它呢，反正也不太脏；随便啃个面包火腿，算是对自己的肠胃交代了早饭，反正也没多大运动量；随后开启一天紧凑的日程安排，那就是打开电脑，开始聊天、游戏、动漫、BBS、电视剧、网络小说的漫漫征程；其间，除了打了个电话叫外卖来送餐，喝了几杯水，去过几趟厕所之外，一整天都是以一种姿势蜷缩在电脑前；等到觉得眼睛又干又涩时，抬头看看时间，好像也到了凌晨一两点；然后告诉自己：睡觉吧，明天未完待续……

这就是宅男们大门不出二门不迈的一天的真实写照。而很多宅男们也会犀利地自嘲：看到有下划线的文字就想用鼠标点击；半夜上个厕所都想检查一下邮箱；身边的朋友竟然都是通过网络认识的，压根儿不知道是男是女……

所谓宅男，就是对某些特定事物极端喜爱、不经常进行室外活动、不热衷于社交活动的一类男性。根据相关调查，中国的宅男年龄多在15～35岁，家庭收入状况普遍比一般同龄人要好，有将近一半是大专以上的学历，地域上则广泛分布在北上广之类的大城市。他们过度依赖互联网，待在家里不喜欢运动，健康状况也令人担忧。

宅男最早起源于20世纪80年代时在日本颇为流行的御宅男，而后传入台湾，演变为宅男。近年来，宅男宅女都成为新的社会族群。“宅”已经成为都市男女一种新的生活方式，甚至形成了一种“时尚”，一种“潮流”。

要说宅男大行其道，必然有其缘由。庞大的独生子女群体从小就习惯了独处，喜欢自娱自乐，长大后也照葫芦画瓢地宅在家里；而快节奏的工作、经历过的各种失败及人际关系失衡，也会促使一些心理脆弱的年轻男性宁愿选择蹲在家里、足不出户；此外，宅男们对于动漫、游戏、色情影视等的喜爱已经到了如痴如醉的境界，深陷其中，完全不能自拔；而万能的网络又完全可以满足宅男们的各种需求，他们只需轻轻一点鼠标，就可以订餐、购物、在线娱乐、和朋友交流思想，甚至完成既定的工作。

不过我们必须承认，宅男们其实带动了很多产业的发展。网络购物促进了电子商务的兴旺，网络游戏、动漫产业等也随之迅速崛起，外卖快递也应运而生。“宅”正满足了信息时代宅男的心理需求，正如心理学家凯伦·霍尼所说：“渴望有意义的独处时间是人类的正常需求。”不过，即使同样是宅在家里，宅男也分为几种不同类型。

最为常见的要数游戏宅男。不论工作日下班，还是周末休息，回到家里的第一件事情就是打开电脑，上网看小说、视频、动漫，打游戏，写微博，淘宝购物……所有的事情都可以在网络上搞定，生活全部依靠互联网。

最有追求的要数技术宅男。这类宅男一般具有计算机专业背景，数据处理能力极强，能够将网络中的有用信息为我所用，将其与相关的技术、行业有机结合，捣鼓出令人耳目一新的作品甚至自己创作。因为爱好与事业的良好重合，技术宅男们有着永不满足的向上动力。

最有意思的要数收藏宅男。他们是新兴人群，寡言少语，喜欢收集物品，这些物品大多跟自己喜欢的游戏或其他爱好相关。因为网络可以提供一条龙服务，在网上购买收藏品之后，还可以在网上晒出自己收藏的宝贝，也可以在论坛里与他人交流收藏心得，一举多得，当然懒得出门。

“信息时代的人们面临着传统的社会关系的解体或松弛，人们会体验更多的个体化和孤独。”宅男更是在个体与群体生活的矛盾中来回摇摆，既有对于外面的世界的渴望，又甘愿沉浸在自己的小天地里。他们也深深明白这种“宅生活”存在着诸多弊端，尤其是影响身体健康：自己长时间玩电脑，造成腰、颈、肩、腕等关节类疾病；生活毫无规律可言，睡眠和饮食失调，引发生物钟紊乱，更严重者会发展成许多慢性疾病；缺乏户外运动又经常熬夜，身体素质必然直线下降；同时，过分沉迷于自我世界，不关心别人，也不喜欢与人交往，忽视与亲朋好友的沟通，容易形成孤僻冷漠的心理特征；还有可能患上不同程度的焦虑症、抑郁症、强迫症等。

虽然“宅生活”有害健康，但绝非一无是处。宅男中曾经出现过很多出类拔萃的人才，包括漫画家、黑客、作家等。因为宅男待在自己的小天地里时，更能集中精神，专注于自己的兴趣爱好。比如，网络文学界的传奇人物唐家三少，他于2014年入选福布斯中国名人榜，是榜单上唯一的网络文学作家。唐家三少就是一名典型的宅男，他本名张威，出生于1981年，北京人。2004年2月，过完23岁生日后，张威就决定辞职在家，专职写网络小说，先后发表了《光之子》《善良的死神》《狂神》等多部作品。他凭借自己的作品，成了当代中国最有钱的网络作家之一。

不过，如果宅男们沉迷游戏不能自拔，如果宅男们过着分不清现实与虚拟世界、晨昏颠倒的生活，如果宅男们流连痴迷于色情、暴力、血腥的畸形文化，那么，对这种“宅生活”就必须予以纠正。

改变“宅”心态。“宅生活”只是一种生活状态，绝不是我们的生活目标。要一直相信，我们值得拥有更好的生活。聆听自己内心深处想要改变的声音，对美好生活期待的声音，自己想要成长的声音，以此来激发自己改变的力量。一旦思想改变，行为就会随之改变。

正确使用网络。理性地看待网络，要知道“网络只是学习、生活的工具和平台，生活的真正舞台还是应该在现实社会中”。明确自己上网的目的，不要“借宅消愁愁更愁”，多做一些有意义的网上活动，如关注社会新闻、收集信息资料等。适当控制自己的上网时间，摆脱过分依赖网络的亚健康的生活方式，使自己的饮食与作息规律起来。

积极社交。只有你敢于开放自己、表达自己，才能收获良好的人际关系，才能收获他人的欣赏和肯定，才能提升自我认识。当你下定决心改变自己的生活方式，不再宅在家里时，你就能参与到现实的世界中，参加各种户外社交活动，回归人际社会。此时，你就能发现自己的另一面，也能获得更多的爱与安全感。

日日“宅”，不应该是当下年轻人的生活方式。宅男们即使要宅在家里，也要健康地宅、有思想地宅、有计划地宅，而且要保证自己随时能够走出“宅”门，拥抱社会。

第八节　活在既定习惯里

“恕我不站起来了！”这句话是美国著名作家海明威写给自己的墓志铭，跟他的作品风格一样，一如既往地简洁、准确。世人心里明白，这也是他对自己的最后一个调侃了。

海明威有一个独特的习惯——站着写作。曾有人问他，文风简洁的秘诀是什么？他毫不犹豫地回答，站着写作。海明威生前曾说：“我站着写，而且用一只脚站着写，使我处于一种紧张状态，迫使我尽可能简短地表达我的思想。”就是采用站着写作的方式，海明威先后创作出了《老人与海》《永别了，武器》《丧钟为谁而鸣》等多部伟大的作品，并获得了普利策奖和诺贝尔文学奖。

海明威每天早上六点半开始写作，一般都是穿着家居便鞋，这样独脚站立时会更舒服一些。他首先打开自己的老式打字机，把打字机和写字板放在齐胸的位置，然后开始聚精会神地进行文字创作，一直持续到中午十二点半。日日如此，有写作灵感的时候，还会自行延长两个小时。

海明威为什么会站着写作呢？有一种说法是，在早期刚开始写作时，海明威经常遭遇退稿，编辑认为他的文字太啰唆，所以他采用站着写作的方法，迫使自己改变写作风格。从此以后，站着写作贯穿了他的整个写作生涯，要知道，这可不是一般作家喜欢的创作姿势。

萧伯纳曾说："人喜欢习惯，因为造它的就是自己。"我们每个人都生活在自己的习惯中。你不妨仔细地回想一下，自己是不是有很多小的生活习惯，习惯每次出门后都回头检查一下门是否锁好；习惯爬楼梯的时候默数台阶；习惯用完东西后原样原位地放回去；习惯喝咖啡或者抽烟来麻醉自己；习惯一紧张时就咬手指甲等。这些习惯就存在于我们的日常生活中，已经潜移默化地影响了我们的思维方式。我们往往不自觉地做了这些事情，潜意识里根本未加思考，而是在遇到类似的情况时，不由自主地这样做，否则就感到不舒服。

心理学上认为，习惯是刺激与反应的稳定关系。习惯是"刺激—反应"反复进行而形成的。人的神经网络应对不同的"刺激"时，高级意识中枢控制着神经网络，而高级意识中枢又与我们的心理活动、能动性、经验和知识密切相关。所以我们在"反应"中会体现出个体差异，通过自我调节，而形成不同的习惯。习惯的形成，其实就是神经网络的改变，因为神经网络具有一定的可塑性，会受到各种因素影响。一旦形成习惯，神经网络就更趋于稳定和牢固。

根据心理学研究结果，人一天的行为，95%是习惯性的，只有5%是非习惯性的。亚里士多德也说："人的行为总是一再重复。因此，卓越不是单一的举动，而是习惯。"习惯在我们的头脑中形成了稳固的思维定式。它在我们的潜意识中形成一种自动化的决策程序，在不知不觉间就影响了我们生活的每个细节，甚至影响了我们的情感、心灵和身体。当我们感到紧张、生气或悲哀时，往往会不停地去做一些事情，希望可以好受一点。这可能就会成为习惯形成的苗头。

也许有人会认为自己没有什么怪习惯，但是如果你去问一问身边的朋友、家人，他们的回答说不定会让你大吃一惊。你竟然有着很多自己没有意识到的习惯，也许你经常抠鼻孔，吃饭时喜欢放醋，或者为了维护体面的形象从来都是轻声细语。这些习惯，有的是被个人强化形成的，有的是后天模仿形成的，有的是反复训练形成的。它们产生的根源多是生活压力导致的情感因素，可能来自职场上忙不完的工作烦恼、家庭不和谐的争吵，还可能来自外在环境的物理影响，如太热、太冷或者噪声很大的环境，都会让你产生烦闷、不满、苦恼等负面情绪，可能就会为了逃避现实而形成一些怪异的习惯。

俄罗斯教育学家乌申斯基说："你有了好习惯，一辈子都享受不尽它的利息；你有了坏习惯，一辈子都偿还不完它的债务。"习惯的力量虽然巨大，但也是可以通过意志力进行转变的。不然，我们还是会继续沿用以前的生活方式。我们也许无法掌控所有的事情，但是我们可以选择怎样去做。

列个"恶习"清单。现在开始着手，花上几分钟时间，列一个自己的好习惯和坏习惯的清单。清晰分辨并界定坏习惯，要想着手改变这些习惯，必须思考哪些好习惯可以替换掉它们，你期望自己养成什么样的好习惯，这样才能更有把握地改掉坏习惯。"习惯像一根缆绳，我们每天给它缠上一股新索，要不了多久，它就会变得牢不可破。”美国发明家富兰克林在科学、外交、发明、绘画、哲学等多个领域都颇有建树，产生了巨大的社会影响力，这跟他对于习惯的良好运用不无关系。富兰克林在年轻时也有很多坏习惯，他为了彻底改变自己，列出了13种美德：节制、沉默、秩序、果断、节俭、勤奋、诚恳、公正、中庸、清洁、平静、纯洁和谦逊。然后不断敦促自己去培养这些美德，使之成为自己的既定习惯。在富兰克林老年时期的自传里，他特别感谢自己的这种独创做法，认为自己的一切成功与幸福都来自对习惯的自我控制。

做习惯的主人。我们可以自主选择自己的习惯，有目的地建立自己的行为模式。训练自己的潜意识，有意识地构建起新的生活方式。驾驭我们的习惯，将坏习惯扼杀在萌芽中，让好习惯长久地坚持下去。这话说起来容易，做起来其实是很难的。因为我们那些天长日久形成的习惯，在思维、行为和感受上，日复一日地潜入思想，盘踞心间，充斥在身体的每个细胞之中。习惯如影随形，我们大多数人都在既定的习惯中不断自我挣扎，尝试着用一个习惯来征服另一个习惯。好习惯是我们前行路上的助力，坏习惯则是我们前行路上的阻力，一个人能否成功，要看助力大于阻力，还是阻力大于助力。

习惯不是最好的仆人，就是最坏的主人。深入了解我们的习惯，从而认识自己的身体和情感，承认并勇敢地面对它们，摒弃怪习惯、坏习惯，养成并坚持良好的习惯，会使我们一生受益。

第二章

自古名人怪癖多

第一节　一代画痴宋徽宗

能够在历史上独树一帜的画家数不胜数，但是只有一位尤为特别，就是宋徽宗赵佶，他称得上是画家里最会当皇帝的，皇帝里最会画画的。赵佶（1082 年—1135 年），是宋代第八位皇帝。《画鉴》曾称赞他说："历代帝王能画者，至徽宗可谓尽意。"宋徽宗的艺术造诣极高，对北宋以后的绘画历史产生了深远的影响。他在艺术方面可以称得上一代宗师，精通书法、填词作诗、金石考古。而在绘画方面更是十分专精，擅长人物、山水、花卉、翎毛，尤其在花鸟画上的成就最高。连美国的劳伦斯·西克曼也在《中国的艺术和中国的建筑》一书中，赞誉宋徽宗赵佶的花鸟写实功力为"魔术般的写实主义"。

宋徽宗从小就喜欢画画，曾受著名画家王晋卿、赵大年等人的熏陶和影响。在继位前，他与王晋卿、赵大年等书画艺术家交往甚密，风流蕴藉，能文会诗，十六七岁时期的绘画水平已经具有一定知名度，"盛名声誉在人间"。

宋徽宗特别喜欢并擅长花鸟画，将诗、书、画、印相结合。《宣和画谱》中收藏了他的花鸟画多达二千七百八十六件，占全部藏品的44%。他的花鸟作品画风分为两种，一种是用浓丽色彩精工绘制，具有富贵艳丽的情调，如《瑞鹤图》《芙蓉锦鸡图》等；另一种则是用水墨渲染，恬淡天然，突出了淡雅的笔墨情趣，代表作品包括《柳鸦芦雁图》《腊梅山禽图》等。虽然两种画法各有千秋，但他“独于翎毛尤为注意，多以生漆点睛，隐然豆许，高出纸素，几欲活动，众史莫能也”。宋徽宗的花鸟画，创造态度极为严谨，充分反映了花鸟的生长规律，灵活地展现出它们迥异的个性与精神特质。

宋徽宗的山水画传世作品比较少，只有一幅《雪江归棹图》。人物画则有《文会图》《听琴图》等，栩栩如生，灵动自然。

宋徽宗对画画手法颇有研究。他的绘画讲究法度、谨细拟物、形神兼备、意在画外。他认为月季分“四时朝暮”，花、蕊、叶皆不同。孔雀走路时，先举左脚而不是右脚。可以说对生活观察得细致入微。宋徽宗的画虽然写实，却并非一丝不差地原样写生，而是在空间、造型、赋彩等方面都进行了取舍，更符合物象美，更体现出自己对于自然的体悟。我们从宋徽宗的画中可以看到他的感情和心灵世界，以物寄情，以画言志。

宋徽宗不光自己喜欢画画，还经常将自己的画作赏赐给诸位大臣。在邓椿的《画继》中记载，宣和四年三月，宋徽宗驾幸秘书省，心情正好，于是当场作画，将自己的书画作品分别赐给公卿臣子，每人一轴画、一纸书法作品。而“群臣皆断佩折巾以争先”，简直是受宠若惊，看到群臣为了自己的画作而争抢，宋徽宗也是开怀大笑、得意非凡。

宋徽宗酷爱绘画，特别热衷于收集历代书画。他曾动用大量的人力、物力和财力来收集名画，然后让大臣们分类整理成册。授意编辑了《宣和睿览集》，从三国时期的曹弗兴到宋初的黄居寀等名人的画作都收集在册。他还主持编纂了《宣和书谱》《宣和画谱》《宣和博古图》等书。这些都对宋代的绘画艺术起到了推动和倡导作用，也是我们研究古代书画艺术的宝库。

宋徽宗一生爱画如命，他最痛心的事情莫过于馆藏书画为金人所夺。据记载，“靖康之变”时，金兵南下，攻破汴京。金人将财物掠夺一空时，他面不改色；将他的宠妃掠走时，他强作镇定；而当他听说自己精心收藏的书画也被洗劫一空时，他的心理防线彻底崩溃了，开始仰天长叹，泪流如注。这都处于国破家亡的节骨眼儿上了，他竟然还只想着自己那些心爱的书画！

宋徽宗痴迷于画画，还致力将自己的爱好推广到天下人之中。他利用皇帝的地位和影响，在全国倡导文艺，创建皇家画院、翰林图画院并亲自掌管，之后连续运营了一百多年。在位期间，宋徽宗积极为画院吸收人才、培养人才。因为自己热爱画画，他还特别优待和尊崇画家，努力提高画家的创作积极性；大力兴办画学，建立了绘画考试制度。宋徽宗曾经出过很多别出心裁、韵味无穷的画题，如“踏花归来马蹄香”“蝴蝶梦中家万里”“野水无人渡，孤舟尽自横”“嫩绿枝头红一点，恼人春色不须多”等诗句，来考录画师。许多画师由此脱颖而出，如王希孟、李唐等，一时间艺坛人才辈出。

宋徽宗如此钟情于书画，致使天下文人雅客一时之间竞相习画。再加上他广纳绘画人才，大力提携新人，优待画家，使北宋的绘画艺术发展到了极致。

宋徽宗自己具有极高的文化修养，是一位天才艺术家。他淡泊权力，痴迷艺术，曾在《腊梅山禽图》中题词："已有丹青约，千秋指白头。"一语双关，借此言志，他的梦想只是做一个画家而已。但可惜的是，他还身负着兴国理政的重任，并不仅仅是一个平民艺术家。在宋徽宗执政的25年中，与他在绘画上的杰出成就形成鲜明对比的，是他在政治上的昏庸无能所导致的政治腐败，民不聊生。

宋徽宗的天性中具有杰出的艺术气息和诗人气质，性格中富有浓厚的感性色彩，只会听从内心的感受，而无视世俗的观念。另外，他追求奢靡和享受，以及他人格修养上的偏颇，注定了他不适合做一名勤政爱民的皇帝。而这也许是造成他悲剧人生的根本原因吧！

靖康元年十一月，金兵攻进汴梁，宋徽宗赵佶等三千多名皇族成员尽数成为金人的俘虏。而后，宋徽宗被囚禁长达9年的时间，终于不堪精神折磨在五国城死去，终年54岁。

元人脱脱在撰写《宋史》时叹道："宋徽宗诸事皆能，独不能为君耳！"宋徽宗赵佶在历史上是极富争议的一位政治人物。如果他不是皇帝的话，也许会成为中国历史上一位相当完美的艺术大家。

第二节　皇帝热衷木匠活

书画、陶瓷等一直以来都是收藏家们争相收藏的热点，随着时代的发展，古典家具也逐渐发展成为一种极有价值的收藏品。尤其是明式黄花梨家具，美观大方、简练舒展、造型优美，以“精、巧、雅”而闻名海内外，被称为“东方艺术明珠”。在明代，黄花梨家具多为皇家所用，集艺术性、科学性、实用性于一身，融合了浓厚的民族特点，被赋予了丰富的文化内涵，给人以文静、柔和、素雅的心理享受。而明式家具的发展，最应该感谢的就是我们本节的主人公——明熹宗朱由校，正是他一手开启了奢侈木器的先河。

明熹宗朱由校（1605 年—1627 年），是明光宗朱常洛的长子，明朝第十五位皇帝。明光宗在位不到一个月就在红丸案中暴毙，然后朱由校为群臣拥立，匆忙登基。

万历年间，朱常洛根本不受父亲明神宗的信任，而朱由校的母亲又是小小的选侍身份，所以明熹宗自幼备受冷落，处境很卑微低贱。他没有得到过祖父的宠爱，也没有得到过父亲的关心，虽然身为皇室子孙，却九岁“尚未出就外传”，堂堂明朝皇帝竟然是一个彻头彻尾的文盲！

直到明神宗临死之前才留下遗诏，令朱由校即时册立、进学。谁料父亲泰昌帝刚刚做了几天皇帝，就驾崩了。就这样，朱由校皇太子还没来得及做，就直接继承了皇位。朱由校为什么不喜欢当皇帝，反而喜欢做木匠活呢？

这跟他小时候的成长生活环境有极大的关系。在朱由校的童年时期，皇宫里因为屡遭火灾，许多宫殿都在大兴土木，进行重建工作，修缮工程、建造宫殿的工作长年不断。而朱由校小时候受到祖父和父亲的关爱并不多，于是也不用去读书，整天和小太监们一起厮混，天天在皇宫里四处游荡。听到的、看到的都是木匠活，在这种环境的耳濡目染之下，他自学成才，掌握了一手做木匠活的好手艺。

朱由校的童年是在一个非常冷漠的皇室家庭中度过的。父亲经常生闷气、整日里唉声叹气，只会拿下人出气，这让朱由校根本体会不到什么是父爱。而他出生之后就和奶妈生活在一起，很少见到母亲，即使偶尔见到母亲，也只能听到母亲对父亲的发牢骚、抱怨，所以，朱由校也无法体会正常的母子亲情。在这样的环境中长大，几乎感受不到生命中的温暖。而每个人又都是害怕孤独寂寞，需要温暖，需要有精神寄托的，所以，朱由校只能将他的全部感情都安放在自己的兴趣爱好，就是做木匠活上，借此沉浸在自我世界之中。

朱由校匆忙即位之后，因为文化程度比较低，几乎看不懂大臣们的奏章，更无法拟文批阅。所以，皇帝的正业对于明熹宗朱由校来说，无疑是一件非常痛苦的事情。他此时沉迷于木匠活，也颇有逃避现实之嫌。

说起明熹宗朱由校的木匠活，小到生活用具，大到亭台楼榭，都是数一数二的珍品。在木匠行业里，他的名气仅次于神人鲁班。朱由校的作品包括家具、漆器、船模等，都具有极高的艺术价值。他的木器家具都使用五彩颜色，精巧美妙，在雕刻上也独具匠心。

明熹宗做木匠活，只是享受那种制作木器的过程，可以从中获得无穷的快乐，而不在乎其他，所以他的作品大部分是精品。明熹宗对自己的要求极高，在制作过程中精益求精，反复钻研，乐此不疲。他的皇宫里堆满了层层叠叠的木料，摆放着各式各样的木匠工具，随时随地都能开展木匠工作。明熹宗做起木匠活来，简直是废寝忘食，据史书上的描述，可谓“朝夕营造”“每营造得意，即膳饮可忘，寒暑罔觉”。

据明史记载，明熹宗还在木匠技术上有所改进创新。明朝的床具非常笨重，需要十多个人才能搬得动，而且样式粗笨难看，用材浪费。他觉得这种床做起来太费劲，于是整日琢磨改进床具，亲自设计图纸，锯木头、钉床板，历时一年，终于制作出一张精美绝伦、轻盈美观的床。周围的床架上均雕刻着各种花纹，十分雅致大方。这种床甚至还可以折叠，游玩的时候带着也毫不费事，非常便捷实用。这让当时有名的木匠都叹为观止，自愧不如。

明熹宗还非常擅长用木头做小玩具，并涂上五彩颜色。他做的小木人神态各异，惟妙惟肖；他的雕刻功夫了得，雕刻出的图案十分精巧；他制造的砚床、梳匣一类的器具非常小巧，精雕细琢，并且恰到好处地施以五彩，精致美观。不管做什么器具，明熹宗总是精益求精，几次三番地制作，直到满意为止。《甲申朝事小记》中记载了一个小故事：明熹宗做的东西因为并没有明确的用途，他有时候会让宦官把他的作品拿到皇宫外面去卖，而世人皆折服于器物的精美，纷纷出重金购买。有一次，他将自己的八幅护灯小屏和雕刻的“寒雀争梅戏”交给小太监拿到市场上去卖，临行前，他反复叮嘱小太监：“御制之物，价须一万。”当小太监当真拿回一万时，朱由校龙心大悦。

天启五年，明熹宗对紫禁城中的皇极殿、中极殿和建极殿进行了全面重建。在此次重建工作中，明熹宗如鱼得水，自己的木匠才能也得到了充分的施展。他不光亲自过问起柱、上梁和插剑悬牌，对很多建造工程提出了指导性意见，甚至还亲力亲为，自己上手。所以，整个重建工作仅仅经过两年多就大功告成，而且“惟街石、顶石尺寸仍照旧例”，其他用料标准皆有所缩减，节约了很多银两。《酌中志》评价此次重建宫殿为“肯堂肯构”，可见明熹宗确实做得很不错。

明熹宗一生酷爱制作木器，而将国家大事抛在脑后，这就给了宦官魏忠贤以可乘之机。据《明史》记载，明熹宗专心致志地制作木器时，最不喜欢别人打扰他，否则就会龙颜大怒、大发脾气。而魏忠贤之流就会专挑这个时候来禀报朝廷中重要的事情。明熹宗很反感他们打断自己的事情，总是继续做手里的木匠活，然后很不耐烦地摆摆手，对魏忠贤说：“朕已悉矣，汝辈好为之。”意思就是你看着办吧，不要影响我做木工。而魏忠贤等的就是这句话，然后“忠贤以是恣威福，惟己意”，从此朝政大权被魏忠贤把持，而明熹宗却充耳不闻。

说到底，明熹宗是个性情中人，没有多少权力欲望，在自己短暂的一生里，就像一个长不大的小孩子，只喜欢游乐戏耍。而当魏忠贤开始自封为九千岁，把整个朝廷弄得乌烟瘴气时，大明王朝也开始摇摇欲坠，江河日下。明熹宗朱由校16岁即位，23岁驾崩，身后留下的只有魏忠贤的专权和内忧外患的外交局面，大明王朝苦撑了十几年后，灰飞烟灭。其中也有“木匠皇帝”明熹宗的一部分责任吧！

第三节　巴尔扎克半夜起床

夜半时分，巴尔扎克裹着从肩到脚的睡袍，顶着一头蓬乱的头发，两眼深邃有神，仰头看天，正在凝神思考。他似乎全身心地沉浸在自己的创作世界中，全然不顾其他事物。这就是立在法国巴黎蓬皮杜文化中心附近的巴尔扎克雕像，它被世人称为“穿睡衣的巴尔扎克”，是世界雕塑史上的经典之作。这尊雕像的作者——著名雕塑家罗丹极为形象地刻画了巴尔扎克陷入沉思时的状态。

众所周知，巴尔扎克是法国现实主义作家的代表，文学界中的拿破仑。他的写作生涯长达二十年，共创作了97部作品，生动形象地塑造了两千多个不同类型的人物形象，在他的笔下，诞生了《人间喜剧》等多部世界级名著。巴尔扎克是一位极高产的作家，平均每年要写四到五部作品。他每天坚持工作16至18个小时，有时候甚至会奋笔疾书一昼夜。比如，《赛查·皮罗多》就是他用了一天一夜的时间写成的，《乡村医生》则用了三天三夜，一气呵成，而名著《高老头》也是在三天之内写完的。要知道，这本书的字数可是多达几十万啊！

在短短20年的时间里，巴尔扎克能有如此卓越的文学成就，跟他每天半夜开始工作，以及保持高频率的咖啡饮用不无关系。巴尔扎克可以算是作家里面喝咖啡最多的纪录保持者了，几乎每一部作品都凝聚着他的辛勤付出和浓浓的咖啡味道。

半夜时分，相信绝大多数人还处于熟睡状态，因为一般人的一天都是从早上才开始的。但对于巴尔扎克而言，他的每天都是从半夜开始，他是那种典型的“猫头鹰”型作家——白天睡觉，晚上写作。在写给韩斯卡夫人的书信中，巴尔扎克如是说：“从半夜到中午我工作，就是说要在椅子里坐上12个小时，全力以赴地书写、创作。然后，从中午到四点修改校样。五点半我才上床，半夜又起来工作。”这就是巴尔扎克每天的工作时间表，日复一日，周而复始。

这么高强度的脑力劳动当然需要极大的刺激与灵感。而巴尔扎克不抽烟，也不喝酒，他唯一依赖的就是提神饮料——咖啡，他喝咖啡的习惯是不加牛奶、不放砂糖。可以说，巴尔扎克的文学作品就是在一杯杯的黑咖啡中写就的。他文学创作的20年，也是自己豪饮咖啡的20年，据统计，20年间巴尔扎克可能喝了5万杯以上的咖啡。这是因为巴尔扎克每天的工作时间太长，已经超出了正常人的负荷。他在连续工作五六个小时之后，经常会手指麻木，眼睛流泪，太阳穴发热、发胀，但他却不肯屈服于身体，为了战胜人类正常的睡眠需求，只能转而依赖大量的咖啡因。正是这五万杯咖啡的支持，使他可以继续超负荷的高强度工作。因为巴尔扎克每天都要喝很多咖啡，可以说咖啡就是他创造的灵感源泉。

巴尔扎克每天晚上穿着睡袍，点上蜡烛，桌边放上一杯黑咖啡，就开始了一天的写作。他曾经生动地描述咖啡对他的影响，“咖啡泻到人的胃里，把全身都动员起来。人的思想列成纵队开路，有如三军的先锋。回忆扛着旗帜，跑步前进，率领队伍投入战斗。轻骑兵跃马上阵。逻辑犹如炮兵，带着辎重车辆和炮弹，隆隆而过。高明的见解好似狙击手，参加战斗。各色人物，陆续登场。纸张上墨迹斑斑，这场战役始终倾泻着黑色的液体，有如一个真正的战场，笼罩在黑色的硝烟之中”。

他自己也说过：“我不在家，就在咖啡馆；不在咖啡馆，就在去咖啡馆的路上。”没有咖啡，巴尔扎克就没法创作；不管在哪里写作，他除了纸笔之外，手边一定要有一杯咖啡。

巴尔扎克自嘲是“鹅毛笔和黑墨水的苦役”，而他之所以如此拼命写作，二十年如一日，每天坚持半夜起床写作，正是因为他债台高筑，不得不进行文学创作。即使这样，直到最后去世，他依旧没能还清债务。想来，巴尔扎克对金钱应该是又爱又恨吧！

巴尔扎克出生在一个醉心贵族地位和关心钱财的中产阶级家庭，这对他的金钱观有着很大的消极影响。巴尔扎克一生总是在追逐着贵族生活，挥金如土，喜欢能够彰显贵族身份的奢侈品，导致经济上入不敷出。他日益膨胀的欲望给自己带来了很多不必要的消费，透支了他的收入，也透支了他的生命。

大学毕业后，巴尔扎克违背父母之命，不做律师，而去当作家。父母因为反对他走文学道路，只给他两年时间进行尝试。经过夜以继日的艰苦创作，巴尔扎克写的剧本《克伦威尔》被打入冷宫，创作尝试以失败告终。父母从此切断了对他的金钱供给，巴尔扎克被逼走上自己挣钱的道路。为了生活，他做过投机商人，和出版社合作印刷的1000册古典名著，只卖出不到20本，并因此负债一千多法郎；后来，他又开办了印刷厂和铅字铸造厂，都没能发财，却又背上了6万法郎的外债；再后来，他办的《巴黎纪事》报倒闭，债务高达10万法郎；在他去世的前3年，已经欠下21万法郎的债务。真是难以想象，一代文豪巴尔扎克竟然终身躲避着债主们的无尽追逐。

即使在他成名之后，尽管自己的收入不菲，稿费一年高达六七万法郎，巴尔扎克还是负债累累。因为他总是预支稿费，搞矿产、地产、印刷厂的投资，但总是赔得血本无归。此外，他的生活过于奢侈浪费，作为一名资深的月光族，只好整日举债，然后为了还债每天笔耕不辍。即使这样，巴尔扎克对自己的作品也是反复修改，宁愿稿酬少点，也不愿草率了事。

但巴尔扎克欠的钱实在太多了！他的债主包括面包商、银行家、出版商，他们都在找他，希望他能够尽快还钱。巴尔扎克的精神压力很大，他曾经为了还债，一连工作两三个月，所有人都不知道他在哪里。然后当他完成一部书稿，就会像从地底下冒出来一样，把稿件交给出版商，拿了稿费一一还给债主。

为了写作，他还跟自己的毕生好友戈蒂耶大吵过一架。这一天，他为了写作熬了一整夜，然后跟朋友说自己要休息一会儿，让朋友一小时后叫醒他。结果，戈蒂耶看他熬夜熬得两眼发红，直冒虚汗，就好心想让他多休息一会儿，没有按时叫他起床。巴尔扎克醒来之后，发现大大超过了自己预期的时间，已经到了晚霞泛红的时候了。于是他暴跳如雷，破口大骂戈蒂耶是小偷、混蛋，害他损失钱财，耽误他的小说构思与创作，害他不能按时还债。

巴尔扎克为了保持创作激情，每晚都要喝很多咖啡。他在生命的最后时刻写道："我喝了许许多多的咖啡，但它一点效果都没有，就跟喝水似的……"他自己也曾预言——我将死于3万杯咖啡。而事实上，他晚年确实患上了慢性咖啡中毒症，年仅51岁就早早过世。正是咖啡终结了他的生命。

不过，正是因为巴尔扎克负债累累，让他有了必须创作的动力；也正是因为一杯杯黑咖啡的支持，才让他有了创作的灵感。巴尔扎克的一生也犹如一杯黑咖啡，于苦涩之中蕴藏着波涛汹涌的力量。他的一生都在追逐自己的梦想，有对文学的热爱，有对金钱的痴迷，这些都帮助他塑造了许许多多无比经典的文学形象，从而奠定了他在文学历史上独一无二的地位。

第四节　天才乔布斯的疯狂

1997 年，苹果公司发布了一个经典的广告——那些疯狂的家伙们。在一分钟的黑白影像中，20 世纪的天才人物依次登场：爱因斯坦、鲍勃·迪伦、马丁·路德·金、理查德·布兰森、约翰·列侬、大野洋子、富勒、爱迪生、阿里、泰德·特纳、玛丽亚·卡拉斯、甘地、米莉亚·埃尔哈特、希区柯克、玛莎·格雷厄姆、吉姆·汉森与柯密特、毕加索。广告结尾以一个小女孩睁开她紧闭的双眼宣告结束。

“向那些疯狂的家伙们致敬。他们我行我素，桀骜不驯，惹是生非，就像方孔中的圆桩。他们用不同的角度看待事物，既不墨守成规，也不安于现状。你可以否定他们、颂扬他们或是诋毁他们，但不能漠视他们。因为他们改变了世界，让人类向前跨越了一大步。他们是别人眼中的疯子，却是我们眼中的天才。因为，只有疯狂到认为自己能够改变世界的人，才能真正地改变世界。”这段精彩的广告词由乔布斯亲自配音，其中的很多句子都是他本人撰写的。现在看来，当时的他不仅是在向那些“疯狂的家伙们”致敬，同时也是在叙述他本人毕生的信仰。因为，乔布斯也是这些“疯狂的家伙们”中的一个。

乔布斯虽然因胰腺癌在2011年永远地离开了我们，但他似乎依然活在我们的生活里。当你用耳机去聆听美妙的音乐，当你的眼睛看到电脑中简洁的图形化界面，当你随手轻点鼠标就可以轻松浏览网页……这些进步和便捷都是天才乔布斯送给我们的最好礼物。

乔布斯从来就不是一个循规蹈矩的人，世俗的条条框框对他来说约等于零，毫无约束力。“活着就是为了改变世界，难道还有其他原因吗？”“不要被教条所限，要听从自己内心的声音，做自己想做的事。”秉承着这样的信念，乔布斯最终改变了世界，创造了奇迹。他让科技产品更具有艺术性，“我们把屏幕上的按钮做得漂亮到让人忍不住想要舔一舔”；他让人类和科技实现互动融合，将移动计算革命推向一个新高峰；他如此专注，如此自恋、偏执地造就了自己独一无二的人生。

乔布斯缔造了麦金塔计算机、iPod、iTunes、iPad、iPhone等闻名遐迩的数字产品，引领了全球资讯科技和电子产品的潮流，可谓是计算机界与娱乐界的标志性人物。算起来，乔布斯共改变了七大行业：个人计算、动画电影、音乐、电话、平板计算、零售店以及数字出版。而这些又深刻地改变了现代人的通信、娱乐和生活的方式。

乔布斯的一生是传奇的一生，也是疯狂的一生。

1955年出生的他，出生一周后即被生母送养。乔布斯小时候非常顽皮，不爱听讲，很喜欢恶作剧，中学老师普遍认为他是“一个孤僻的学生，看待事物的角度很特别”。乔布斯在硅谷附近长大，接触过很多惠普的元老级员工，逐渐迷恋上电子学。19 岁那年，刚读大学一年级的乔布斯却决定辍学参加工作。工作还没几个月，又迷恋上了佛学，动身去印度追随大师。1976 年，他和好朋友一起成立了苹果公司，开始出售自制的电脑。1982 年，乔布斯首次登上《时代》杂志的封面。1983 年，乔布斯集合团队开发 Lisa 数据库，不计成本地侵吞了苹果大量的科研经费，但是产品因不合实际、太过昂贵而不被市场认可。

尽管乔布斯在 1985 年获得了国家级技术勋章，却因为厌恶无休止的权力斗争，愤而辞去苹果公司的职务。之后，他一手创办了 NEXT 电脑公司，成功制作出第一部电脑动画片《玩具总动员》，并因此身价暴涨。1996 年，乔布斯重返苹果公司，着手进行大刀阔斧的改革，拯救了濒临失败的苹果公司。在之后的十多年里，苹果公司先后推出了媒体播放器、智能手机以及平板电脑等尖端产品，在全球数亿消费者中风靡一时。

乔布斯具有超出常人的天分，也有改变世界的雄心壮志，更有永不枯竭的创新精神。他毫无保留地追求梦想和完美，让所有人为之折服。但是他太过自我，那种令人无法忍受的粗暴无礼的作风，以独裁者视角睥睨万物的姿态，又让别人颇感不适，敬而远之。

乔布斯独断的领导风格让每一个为他工作过的人都畏惧不已。苹果公司的联合创始人沃兹尼亚克在一次访问中曾说：“史蒂夫有时会令人不快，甚至惹人讨厌。他会在开会时走进来，扔下一句：

‘算了吧，这是一堆垃圾，你们没有做好。’然后就走出去。还说：‘你们都是白痴。’”而苹果公司的员工也都暗地里称他为“地狱来的老板”。他喜欢最聪明的员工，对员工的要求极高，让员工的压力很大。曾在苹果公司任职的程序员霍迪说：“如果你是一个唯唯诺诺的人，你注定要死在乔布斯手里，因为他对自己所知的事情非常自信，所以他需要别人能够挑战他。”

1996年，苹果推出iMac，这是一款惊世骇俗的产品。它完全突破了常规电脑的设计，使用半透明的蓝色塑料外壳，让消费者大开眼界，纷纷开始考虑购买一台家用电脑。在此之后，iMac荣获《时代周刊》“1998年最佳电脑”的称号。而iMac的整个研发过程，都凝聚着浓厚的乔布斯的个人风格。因为乔布斯之前曾经旁听过书法课，他很喜欢美妙的书法，认为“这种美感、历史感和微妙的艺术感在科学里并不具备，我觉得它很迷人”。他要求将书法融入iMac电脑，让它成为拥有漂亮字体的电脑。而当时的设计团队一致认为这是不可能的。但乔布斯对产品非常严苛，他始终认为伟大的产品应该尽可能完美，所以，他强迫团队在思想上跟随他，在有限的时间内创造出更出色的产品。最后，在他的不懈坚持下，团队也确实做到了这一点。从此，iMac电脑才有了各种各样的、按比例隔开的字体。

乔布斯的疯狂跟他的个人成长经历有着密切的联系。乔布斯孤傲、自大、偷奸耍滑、拉帮结派的人格缺陷在童年时代就已注定。私生子的身份，养父母贫困的家庭生活，让他形成了偏执、不合群、独裁、以自我为中心的性格，而他的这种性格在此后的多次起起落落中并没有太多改变，只是有些许程度上的调和。他做的很多事情，包括对于完美的执着追求，只是对自我的一种保护，是为了维护自己的心理平衡。也许正是这样疯狂的性格才成就了史蒂夫·乔布斯，使他成为一位富有远见卓识与创新能力的天才，成为一位神奇非凡的人物。

乔布斯的辞世对所有人来说都是一个遗憾，在他的身后，留下了一家只有他才可能创造出来的苹果公司。但对于乔布斯本人来说，这也算是一个完美的谢幕。他曾如是说："没有人愿意死，即使人们想上天堂，也不会为了去那里而死。但是死亡是我们每个人共同的终点，从来没有人能够逃脱它。死亡是生命中最好的一个发明。"

第五节　重口味的嘎嘎小姐

嘎嘎小姐（Lady Gaga），美国当红的著名流行女歌手，是欧美乐坛最具影响力的流行天后，自出道以来创下多项世界级纪录。2008年发布首张专辑《成名在望》（*The Fame*）后，迅速掀起热潮，并红遍全球；2010年被《时代周刊》评为“百位最有影响力的文化人物”之一；2011年的专辑《生来如此》（*Born This Way*）问世5天就在全球各大唱片市场销量排行榜夺得冠军；同年6月她被《福布斯》杂志评为“世界百位名人”之首。Lady Gaga的专辑至今在全球销量已经超过2000万张，单曲销量达到6400万张，曾多次荣获各大音乐典礼的大奖。

如果你还不知道Lady Gaga是谁，那你可以算是一个彻头彻尾的“外星人”了。她在中国的音译名字更为形象——“雷得嘎嘎”。嘎嘎小姐从出道那天开始，就没有停止过对自己百变造型的塑造，她的服装和妆容总是造型怪异，风格前卫，一次又一次地掠夺了大众的眼球。嘎嘎小姐曾经用渐变的金黄色头发搭配面具，化身为飞天女侠；她也曾头顶造型夸张的羽毛长角发饰，变身树精，“雷”倒众生；她曾经把鸟窝样子的装饰品戴在自己的头上；她还曾在演唱会表演中戴着行星环的头饰和整副面具……

人们不禁要问，唱歌就唱歌呗，这位嘎嘎小姐的脑子里究竟在想些什么，才会这样数年如一日地尝试各种天马行空、异于常人的造型？她充分利用各种艺术元素，每次出场都能达到“雷不死人誓不罢休”的惊悚效果，一次次挑战着大众的忍耐底线。但与此同时，她也影响了美国音乐界与时尚界，甚至在全世界掀起了轩然大波。嘎嘎小姐的造型颇具有后现代主义的倾向，她的造型在不断地创新。

在2010年MTV音乐录像带大奖颁奖典礼上，Lady Gaga竟然身穿以生牛肉制成的裙装出席。Lady Gaga已经俨然把自己当成了一件艺术品。在颁奖典礼后她表示，她的“生牛肉装”只是为了表达自己是为信念而战的。“每个人都值得穿我那件肉装，因为每个人都应当注意：如果我们不能为自己的信念站出来，不能为自己的权益奋斗，那么久而久之，我们能获得的权利不过是我们自己骨头上的一堆肉。”这一行为随即在美国娱乐界造成前所未有的轰动，也引发了人们正反两面的评价。

嘎嘎小姐性格乖张，行事直率，她的歌词、MV、言论也如她的造型一样，在挑战着大众的承受底线。

2011年，嘎嘎小姐推出专辑《生来如此》。这张囊括了8首冠军单曲、全球销量高达2400万张的专辑，又是一部“重口味”的作品。BBC官网给出的评价是：“这是有史以来最伟大的专辑。它流行风暴的概念，华丽的旋律设计，创造了辉煌的‘Gaga时代’。她在冒险的同时，也获得了巨大的声望。”

专辑的封面也与众不同，普通版专辑收录了14首单曲，封面上嘎嘎小姐的头像与一辆摩托车合二为一。只见她双臂紧握摩托车前轮，头像化为车头，张牙舞爪的样子寓意着她正存在于梦幻和现实之间。特别版的专辑封面上，嘎嘎小姐的烈焰红唇被刻意放大，脸部呈现怪物的形状，表达着“即使我们是头上长角的怪物，我们也是完美的”前卫思想。专辑的歌曲内容则涉及同性恋、宗教团体以及很多被忽视的群体，Lady Gaga 通过这张专辑为这些弱势群体呐喊，捍卫他们的权利。她咆哮着：“无论你是黑人，是白人，是同性恋，是双性恋，是残疾人，还是别的什么，你都是完美的自己！”也许因为嘎嘎小姐总是在造型上顷刻之间把大家雷得外焦里嫩，人们常常会忽略她的唱功。这张专辑的曲风多是复古舞曲，还加了不少厚重的音色，而嘎嘎小姐用厚实的嗓音和完美的声音掌控力度，精心诠释了每一首歌曲。

2012 年，嘎嘎小姐推出了个人香水，也是重口味的。香水瓶是蛋形瓶身，上面的图案是金色的爪子。香水乍看之下跟墨汁一样浓郁，是世界上第一款黑色的香水。这款香水混合了颠茄草、藏红花、蜂蜜、杏仁糖浆、兰花、茉莉以及燃香时释放的烟气等物质的香味，估计也只有她的忠实粉丝才有勇气“冒死一用”。

嘎嘎小姐其实是一位很有才华和思想的创作型歌手，并不是一味地用形象出位炒作，而她本人也有着很强大的表现力。更奇怪的是，她从小接受的一直是淑女教育。

Lady Gaga 本名是史蒂芬妮·乔安娜·吉玛诺塔，1986 年出生在纽约上东区的富裕家庭。她的父母都是意大利人，她小时候就读的是只收贵族富豪子弟的天主教学校，接受的是正统的贵族教育，她与名媛帕丽斯·希尔顿还是校友。成名前，嘎嘎小姐具有一种学院风的气质。这与她后来的夸张雷人的造型姿态截然不同，让人困惑不已。其实，嘎嘎小姐14岁在曼哈顿私立学校就读时，就已经开始了这种分裂的生活：白天在学校里循规蹈矩，晚上则去酒吧驻唱。17岁时，她进入纽约大学学习古典音乐，侧重于艺术、宗教和政治等庄重题材的作曲风格，但不到一年她就向学校申请退学，做起了全职酒吧歌手。此后，她开始酗酒、嗑药，很多雷人的造型就是这个时期的写照。

嘎嘎小姐曾说："一个女孩要发挥她被赋予的才能，我的录影带不会做得像布兰妮那样美到让男生流口水。我要挑战另一种极端。我不会说我在舞台上穿得很性感——我所做的是挑战极端，是要让男生觉得：'我不知道这是叫性感还是古怪。'"

嘎嘎小姐的确成功地吸引了大众。猎奇心理驱使着大众继续关注她的下一次造型，尽管人们认为嘎嘎小姐的每一个造型都那么雷人，那么难以忍受，但真的是越丑陋越耐看，越怪诞人们越感兴趣。嘎嘎小姐迎合了时下大众的口味，尤其是大众对于事物感官刺激的重口味要求。

在当今大融合的时代，出现嘎嘎小姐这样的另类明星可以说不足为奇。但是，她那些怪诞奇葩的造型依然引起了很多争议。嘎嘎小姐特立独行的穿着方式被媒体批判为没有品位，甚至低级趣味。但这又是一个包容的时代，只有这样的广告包装才能让大众过目不忘。对于我们来说，只需包容地、单纯地关注并欣赏她的音乐，而不必盲目跟风，去模仿她所谓的"时尚"。

第六节　与香猪同床共枕

宠物已经成了我们生活中不可或缺的一部分。宠物能够给我们带来很多的幸福与快乐，和宠物一起玩耍，我们可以得到精神上的满足感。但是，大部分人的宠物都是鸟、狗、猫、鱼这些可爱的小动物，你听说过有人把猪当成自己的宠物吗？

是的，不要嘴巴张大，这么惊讶！美国知名演员乔治·克鲁尼就养了一群猪作为宠物。他的猪宝贝们在他位于贝弗利山的豪宅里自由地嬉戏、玩耍，甚至大摇大摆地登堂入室，更有甚者，乔治·克鲁尼还会和他的宠物猪一起散步、吃饭、游泳、睡觉，几乎到了形影不离的境界。

乔治·克鲁尼怎么会想到把猪当成宠物来养呢？一切还得从20世纪90年代说起。乔治·克鲁尼在拍摄长篇电视剧《急诊室的故事》时，曾有粉丝向他推荐过宠物猪，并带领他定期参加宠物猪的饲养者聚会，令他从中了解并学习到很多宠物猪的习性和喂养知识。然后，乔治·克鲁尼开始自己动手养宠物猪了，并且一发不可收拾，由一只、两只到一大群。乔治·克鲁尼觉得猪虽然长得不太雅观，但是通情达意，而且比狗更聪明。他最宠爱的猪是一头名叫麦克斯的越南猪。麦克斯是1988年克鲁尼送给当时的女友凯莉·普雷斯顿的定情礼物，是他的好友“猫王”女儿留下的迷你宠物猪。后来两个人分手了，但这只猪却一直陪伴着他。麦克斯与乔治·克鲁尼相处了长达19年的时间，直到寿终正寝。

你也许很难想象，麦克斯是个重达266斤的大肥猪，但只要乔治·克鲁尼在家，每天准会带着麦克斯外出散步；即使他出去拍电影了，也会委托专人照顾麦克斯，或者干脆就带着麦克斯一起去。麦克斯曾经多次和乔治·克鲁尼一起接受采访，甚至还和乔治·克鲁尼一起坐过约翰·特拉沃塔的私人飞机，据说是去“皈依”科学教派。

每次说起麦克斯，乔治·克鲁尼总是不吝使用各种美丽的语言，如“明星”之类的名词来赞誉它，恨不得把它捧上天。而且他还开玩笑说，如果麦克斯能够穿上婚纱，他一定会娶它。

1994年的时候，洛杉矶发生了一场强烈的地震，地震造成了60人死亡，数千人受伤。在后来的采访中乔治·克鲁尼曾多次说过，当时他正和麦克斯躺在床上，而麦克斯具有动物的直觉，先于人类感知到了地震。它在地震前3分钟把乔治·克鲁尼拱醒，一而再再而三地用身体把乔治·克鲁尼推出卧室。正是麦克斯给了乔治·克鲁尼宝贵的逃生时间，才使他有机会从家里逃出来，捡回了一条命。

2005年，有小报记者误传“麦克斯死了”的新闻，把乔治·克鲁尼气得够呛。他还让发言人斯坦·罗斯菲尔德出面澄清：“麦克斯活得好好的”，并且说“像其他任何宠物一样，麦克斯早已是克鲁尼家中的一员。它是一个大块头，在同类中也算是重量级的，但我不会告诉你它的体重到底是多少”。

心肝宝贝麦克斯于2006年去世后，着实让乔治·克鲁尼伤心了很长时间。他曾经在接受《今日美国报》记者访问时说：“麦克斯是我见过的最长寿的一只宠物猪，也是与我相处时间最长的一个朋友，我真的是很吃惊，因为它已经是我生命中重要的组成部分。但就在1个小时前，这位老朋友却离我而去了。”他却因为在外地拍戏而没能见到麦克斯最后一眼，幸好麦克斯是自然衰老死亡。乔治·克鲁尼为麦克斯举行了隆重的葬礼，还专门写了一首怀念它的感人诗篇。他从此以后再也没有养过宠物猪。他曾经表示：“我想麦克斯已经满足了我对宠物猪的所有需要。”

20年的时间里，乔治·克鲁尼的女朋友换了一个又一个，算下来竟然多达21个。从演员到模特、从主持人到学生、从摔跤运动员到服务员，但是他的宠物猪一直陪在他的身边，可谓是“流水的女人，铁打的猪”。不过这些女友大多无法理解乔治·克鲁尼和麦克斯的感情。凯伦·达菲曾说：“我永远无法爱上一个养宠物猪的男人，而且乔治的猪很恶心。”传闻席琳·巴黎特一度要和克鲁尼走进婚姻，就是因为她要求克鲁尼把麦克斯赶出去，放话“有猪没我，有我没猪”。而乔治·克鲁尼只能做到不让麦克斯走进卧室和游泳池，而这远远不能让席琳·巴黎特满意，所以她选择了离开。但是乔治·克鲁尼一直都与麦克斯亲密无间，他甚至放出狠话来：“要爱我，就得先爱我的猪”，或许这也是他久久没有走入婚姻的原因之一吧！

乔治·克鲁尼出生在一个演员世家，爸爸、姑姑都是演艺界人士。他5岁的时候就曾经在爸爸的节目中客串，21岁开始闯荡娱乐圈。刚开始他的演出并不叫好，直到《急诊室的故事》播出后，乔治·克鲁尼才开始走红。他曾多次获奖，2001年凭借《逃狱三王》获金球奖最佳男演员；2005年因参演电影《辛瑞那》获第78届奥斯卡金像奖最佳男配角；2012年他制片的电影《逃离德黑兰》获第85届奥斯卡金像奖最佳影片。

他那数十年如一日的帅气英俊，稳重睿智的谈吐，令他成了能够给身边人带来幸福感受的影星。尽管有过短暂的婚姻，但他的个人魅力依旧征服了无数影迷。可让人跌破眼镜的是，他竟会爱他的宠物猪爱到无法自拔，甚至不惜抛弃历任女友的地步。

其实我们仔细想想的话，也会感觉情有可原。从心理学角度上讲，养宠物有很多积极作用，宠物可以排解我们心中的抑郁，可以给我们带来诸多快乐。但是如果对宠物特别关注，甚至到了常人无法忍受的地步，那就是心理亚健康的一种表现了。

人们大都会无意识地选择一种具有自身某些性格特质的宠物。而乔治·克鲁尼跟麦克斯的相处方式也正是他潜意识的一种表现方式。乔治·克鲁尼之所以会选择饲养宠物猪，一方面可能跟他独自一人在洛杉矶居住，远离家人有关，再加上他长期处于单身状态，养个宠物猪，也算是一种情感的寄托吧；另一方面公众人物的私生活经常会被娱乐媒体关注，可能要承受更多的社会压力，而养个宠物就可以减轻自己的压力。毕竟麦克斯只是单纯地喜欢他、爱护他，并无所图。所以，当乔治·克鲁尼和麦克斯一起玩耍的时候，心情是非常放松的，在彼此的交流中获得简单的快乐和满足，这些都是与普通朋友在一起时不一定能够得到的。同时，乔治·克鲁尼可能也已经对麦克斯产生了依赖心理。在他眼里，麦克斯甚至比人还要重要，麦克斯可以霸占他的卧室长达19年，可能正是他与别人交流不充分的一种感情转移现象。

假如没有麦克斯的真诚陪伴，也许就没有我们今天看到的乔治·克鲁尼。他给我们带来的那些快乐和幽默，宠物猪麦克斯可谓功不可没。2014年9月27日，乔治·克鲁尼与未婚妻艾默·阿拉穆丁举行婚礼，他终于在麦克斯离开之后找到了真正属于自己的幸福。

第三章

癖好投射的潜意识

第一节　说错的话，写错的字

在生活中，谁还没有过说错话、写错字的时候啊，这个现象实在太稀松平常了，我们每个人都可能犯过口误、笔误之类的“心灵失误”。而这些口误、笔误是我们所要表达的意思的一个偏离，往往会带来一个个小趣事、小故事，有的会让人捧腹大笑，有的会让人哭笑不得，还有的则会让人不知所云。事后，我们经常会反思自己，当时我在想什么呢？怎么会写出这样的错误来？怎么会说出那样的话来呢？想想自己也会不觉莞尔，深感好笑。

其实，不光我们普通人会犯类似的错误，就连靠说话吃饭的主持人们也大多难逃此劫。

互联网上广泛流传着一个中央电视台节目主持人的直播口误集锦视频，简直令人喷饭。其中，《新闻联播》主持人郭志坚在一次整点新闻播报时就犯了白字口误。有一条题为“我国圈养大熊猫依然难脱生存隐患”的新闻，他竟然数次将“圈（juàn）养”念成了“圈（quān）养”，而随后女播音员的旁白念的却是圈（juàn）养，是正确的读音。这更加形成了鲜明的对比，让人大笑之余，也为郭志坚的文字水平捏了一把汗！

而体育解说员韩乔生在解说赛事时常常由于情绪比较激动，也曾经数次出现口误。有一次，他作为解说员对一次足球比赛进行解说时，因为对于AC米兰的状态不满，心中的评论便脱口而出："AC米兰就像一台计算机，内存挺大，大到奔腾II代，可是运行不快，可能是感染了病毒，看来主教练需要一张杀毒的硬盘。"这个比喻虽然挺新奇，将足球队比成了电脑，可是电脑杀毒需要"一张硬盘"吗？这样常识性的错误，当真令人连连摇头。

还有一个更搞笑的例子。主持人鲁健经常在博客里自我调侃，有一次说到自己直播青藏铁路时，导播通过耳机告诉他记者赵晶已经在格尔木车站等候连线。于是，鲁健张口就来了一句："格尔木，你好！"瞬间笑倒一片。而他真正应该说的是："赵晶，你好。"况且，这又不是在演通信不发达时代的战争片，需要使用代号："动幺，动幺，我是动三。"

其实口误、笔误并不是一种偶然现象，它们其实代表着我们内心世界里相互调和、相互牵制的心理。因为是一种无意识的表现，反而最能暴露我们的真实想法。要知道，不光眼睛是心灵的窗户，嘴巴也会更直观地反映出我们的思想，而口误往往会尽数出卖你的所思所想。虽然我们有时会刻意地掩饰一些真实意图，但潜意识总是可以从一些小细节上反映出内心的想法，口误、笔误等小错误其实就是潜意识用来满足我们被强行禁止的愿望的方式。

笔误也是一样，不只普通人有，那些以写字为营生的作家也常常出现笔误。鲁迅先生的短篇小说《风波》中曾有一处写道："扑的一声，六斤手里的空碗落在地上了，恰巧又碰着一块砖角，立刻破成一个很大的缺口。”然后第二天，爸爸七斤去补碗，“因为缺口大，所以要十六个铜钉”。而文章的最后却赫然写着“六斤捧着十八个铜钉的饭碗”，显然文章的前后两处是互相矛盾的。鲁迅先生后来也发现了这个笔误，还曾专门写信给编辑部更正：“六斤家只有这一个钉过的碗，钉是十六个或是十八个，我也记不清了。总之两数之一是错的，请改成一律。”

那么，我们为什么会出现口误、笔误呢？到底是什么力量在支配着我们的思想呢？其实，错误的出现有诸多缘由。

首先，口误一般是在无意识的状态下发生的。有时候我们会因为紧张、危急、受到某些因素干扰、注意力受到影响而产生口误；有时候我们也会因为理解错误而出现口误；有时候我们会因为认知加工不完全而出现口误；还有时候我们会因为习惯性的语言脱口而出形成口误……

而笔误是指写出的字与我们大脑中所想的内容不一致。有可能是因为大脑认知和手的行为不协调，如大脑的指令过多，手无法及时跟上指令，就可能产生笔误；还有可能是因为思维定式产生笔误；或者因为同音字，我们会写出最先联想到的字而产生笔误。

弗洛伊德认为，这些都是我们潜意识的欲望的外在表现。那些我们意识不到的潜意识，时时刻刻都在影响着我们的行为。潜意识中的那些被压抑着的欲望不能释放，它们就会在无意识中入侵到语言输出系统导致我们的笔误、口误。所以说，笔误、口误就是这些欲望改头换面的体现，它们正像一股看不见的神秘力量在操纵着我们的行为和思想。

弗洛伊德指出，显意识和潜意识就好比是冰山的水上部分和水下部分。由此，我们可以想象，人的潜意识该有多么巨大！潜意识里面的很多纠结或者欲望都会给显意识施加一定的影响，口误、笔误往往就是存在于我们的潜意识中的真实想法的写照。在美剧《老友记》中，罗斯打算和艾米丽结婚时，却口误喊成了瑞秋的名字，这其实就是他内心的真实想法，他一直还爱着瑞秋。弗洛伊德对此类口误的解释是："用一个名字替代另一个名字，错误地说出了另一个人的名字，都表明了人们存在一种情感，而由于种种原因，在当时的情况下又不能完全将这种情感表现出来。"

语言是我们思想的表现形式，是应该极为严谨和缜密的。所以，要想不出现口误和笔误，就要保证思维和语言的流畅性。我们在沟通中应该保持一种比较舒适的氛围，这样才能更放松、更友好地表达自己的想法。

此外，还有哪些减少口误和笔误的方法呢？

保持良好的情绪和思维状态。不管在何种环境下，始终保持良好的思维状态。不管当时你是紧张也好，气愤也好，或者激动也好，都要努力控制好自己的情绪。不要让不良情绪影响自己的思维，这样才能更好地掌控语言工具。

保证充足的思维时间。仔细回顾一下你就会发现，当你说话或者写字速度比较快的时候，更容易出现失误。所以，我们可以适当放慢说话的速度，对要说的话、想写的字进行充分的思考，最好能够三思而后言，三思而后写。这样一来，出现的失误就会明显变少。

充分扩充心理词库。我们每个人的大脑中都存在着一个心理词库，包括了我们所掌握的词汇以及相关的信息。当我们说话、写字时，就会从心理词库中提取词汇组成句子进行交流。而一旦出现词汇提取上的冲突，就会发生口误或者笔误，它们可能发生在同音、同义词之间，也可能发生在相近句式之间。所以，当我们不断扩充我们的心理词库后，就能够在心理上扩大那些容易出错的相似词汇、语言的差异，从而减少相似性对我们表达的影响。

知道了这些，当我们以后写错字、说错话的时候，就不要再漠然对待，不要当个笑话，过去就算了。认真想一想是自己的哪种潜意识在作怪，也许就能够发现自己的深层秘密，加以注意与矫正之后，就能够更好地运用语言工具与他人交流沟通。

第二节　都是焦虑惹的祸

沙鼠生活在非洲的撒哈拉大沙漠中。在旱季到来之际，它们总是忙得不可开交。沙鼠们一天到晚忙着进进出出，努力地囤积更多的草根，以度过干旱的季节。而事实上，一只沙鼠在整个旱季里最多也只能吃掉两公斤的草根。可沙鼠们并不这样想，即使它们已经囤积到了足够的草根，也仍会一刻不停地寻找草根，一定要把远远超过自己需求的草根都搬运回自己的洞穴，然后才能把心放在肚子里，否则，它们就会焦躁地嗷嗷直叫。而大部分搬运回来的草根最后的命运就是变质、腐烂，然后被清出洞去。

沙鼠们正是出于对未来的莫名的担心，而在本能的焦虑状态的驱使下做了大量的多余劳动。后来，科学家们曾经一度想用沙鼠代替小白鼠做医学实验。结果他们惊奇地发现，沙鼠即使丰衣足食、饱食终日，也会不停地在笼子里兜兜转转，想要出去寻找草根。而由于无法外出囤积到足够的草根，最后，这些深受内心潜意识中的焦虑心理威胁的沙鼠相继死去。

其实，何止沙鼠，我们人类又何尝不是每天都忍受着焦虑的困扰呢？这是一个容易焦虑的时代，高速运转的社会、生活中的各种烦心事、肩上的繁重工作、永无止境的学习压力，时时刻刻都在叩问着我们脆弱的心灵。而我们渐渐在不知不觉中患上了焦虑症，这给我们的身心带来了巨大的痛苦。我们似乎总是有着太多的焦虑：焦虑于事业上的成败，希望所有的工作进展顺利，千万不要被单位淘汰；焦虑于我们的身体健康，祈祷千万不要得什么重病或者不治之症；焦虑于自身的经济实力，发誓要买得起房，买得起车；焦虑于自己的人际关系，担心着为什么今天同事表现得那么奇怪，是不是自己已经在不经意间得罪了别人……常常杞人忧天，草木皆兵。

焦虑在心理学上被认为是一种缺乏明显客观原因的内心不安或者无根据的恐惧，是人们在遇到某些事情，如挑战、困难或危险时，所表现出来的一种正常的情绪反应。焦虑症则是一种反复并持续伴有焦虑、恐惧、担忧、不安等症状和植物性神经紊乱的精神性障碍。

人们出现焦虑心理，大多数情况下还是由于受到心理因素的影响，焦虑和我们的思维认知过程有着千丝万缕的关联。有可能是我们不能很快适应千变万化或者充满未知风险的环境，也有可能是由于对自己要求太高但实际上无法做到而产生了责备自己、厌恶自己的心理，还有可能是内心深处的欲望与自身实际情况不能调和。

焦虑有可能会激发我们奋起直追、直面挑战的勇气。在战胜焦虑的过程中，自我会实现成长，所以焦虑情绪在一定程度上对于我们的人格独立有着积极的影响。

当我们出现焦虑时，总是会心神不宁、惊慌失措，感觉自己仿佛“漂浮着”，无所适从。不知道事情的走向如何，也不知道会遇到什么样的问题，更不知道该如何应对。那么，这种过度的焦虑会对我们的身体造成怎样的影响呢？

当我们处在焦虑的状态中时，可能就会产生挥之不去的恐惧、忧虑等不当情绪，对周围的人或事生出一种不信任感或者对立感。而这些负面情绪也会通过身体的生理反应体现出来，可能会心跳加快、血压升高、呼吸急促，或者出冷汗等。我们会一直处于一种应激状态，随时准备对危险采取行动，或者战斗，或者逃避。可是因为不知道危险在何处，可能会束手无策，从而做出一些毫无意义甚至具有危险性的举动。因为我们无法安置自己烦躁的身心，还可能会做出一些反常的行为。有的人会坐立不安、来回走动、抓耳挠腮；有的人因为过于焦虑，导致大脑放空、心不在焉，对外界的变化听而不闻、视而不见；还有的人可能在焦虑情绪的影响下，说话都不连贯了，甚至张口结舌起来，语调相对平时而言显得沙哑或者尖厉刺耳，脸色也跟着发白或者发红。心理学家认为，焦虑会令我们的寿命锐减。而焦虑总是与抑郁、惊恐、紧张等负面情绪结伴而来，我们的很多疾病都是源自内心的焦虑。

这时，我们不禁要问：为什么同样的境遇，别人可以泰然处之，自己却会长吁短叹？为什么大家同样白天辛苦地生活、工作，而到了晚上唯独自己要忍受失眠的痛苦？为什么别人成天乐乐呵呵的，自己却一直感觉焦头烂额？要知道，这些都是焦虑惹的祸！

一旦焦虑了，你的快乐和健康就会被焦虑吞噬，精神也会被悲观、恐惧、怀疑和沉重重重包裹，这样的你似乎再也找不到幸福的感觉。而当我们终于意识到这些焦虑的症状时，我们已经被焦虑深深侵蚀，难以自拔，因为这种焦虑根本无从察觉，我们甚至不知它是在何时开始的。虽然说焦虑症患者无法完全控制住自己的焦虑，但尽量放宽心，想开点，才能有勇气和智慧战胜焦虑，重拾生命中的美好与温馨。

恢复自信心。始终相信自己是最棒的，增加自信，减少自卑，才能驱逐焦虑。只有相信自己具备处理危机的能力，可以完成任务，才能减少焦虑和恐惧的情绪。自信，正是远离焦虑的法宝。

随时放松自己。让自己从紧张的情绪中走出来，多给自己一点时间，找一个宣泄的出口。尤其是焦虑症患者大多伴有失眠的症状，适当地放松自己，可以让你拥有更好的睡眠质量。

尝试自我反省。有些焦虑是因为我们对欲望强行压抑，但是它并没有消失，反而潜伏在我们的无意识中，伺机而动。对此，我们需要通过自我反省，把这些痛苦的欲望和情绪发泄出来，理性地梳理和对待，才能使焦虑消失。

转移注意力。当我们焦虑时，总是会反复地胡思乱想，坐立不安。此时，我们要试着转移自己的注意力，可以去读一本引人入胜的书，也可以去看一场愉悦身心的电影，或者来一次酣畅淋漓的运动……让自己暂时忘却这些烦躁的事情，增强自己的适应能力。

焦虑其实是毫无必要的。古代印度的一位国王，一天到晚总是愁眉苦脸，担心这，忧虑那的。久而久之，他的情绪变得非常糟糕，经常呵斥、体罚大臣，而自己的身体也被折磨得不成样子。有一天，他终于意识到，长期这样下去只会毁了自己，甚至毁了整个国家。所以，他希望文武百官能够想出一个办法来控制住他的焦虑，有一位老臣告诉他一则七字箴言：这一切都会过去！国王感到非常有用，此后，每当自己又开始着急、恼怒、恐慌的时候，他就会反复默念这七个字，然后渐渐地平静下来。几年过去了，国王的心情好了，笑容多了，国家也治理得井井有条。

我们也应该相信：这一切都会过去。正如丹麦宗教哲学家克尔凯郭尔所说："谁学会了使自己正确恰当地焦虑，谁就掌握了至高无上的本领。"就让我们立足实际，活在当下，享受这种最愉快、最幸福、最安稳、最科学的生活状态吧！

第三节　透过恐怖梦境看压抑

恐怖的梦境我们或许都感受过：半夜时分，你从噩梦中惊醒，可能额头上还冒着涔涔冷汗，也可能忍不住会尖叫一声醒来，然后在黑暗中睁着眼睛回忆梦中的场景，不由得心有余悸，似乎仍能真切地感到梦中那种恐惧、沮丧的情绪。当你想要继续睡觉时，却开始辗转反侧，无法入眠，恐怖的梦境已经严重影响了自己的睡眠质量。第二天早晨起床的时候，你会无精打采，甚至一整天都萎靡不振。即使在上班的时候，也一样头昏脑涨，还在心中反复回想着昨夜的梦，一直在担心这个噩梦会是什么厄运的预兆和象征，然后惶惶不可终日。

那么，你做过的恐怖梦境是什么样的呢？据统计，恐怖梦境是困扰人们的普遍问题。有的人会梦到自己从百米高楼上跌落下来，失重感在梦中非常逼真；有的人会梦到自己被别人追杀，敌人就在眼前，想要逃跑，却发现自己根本动弹不得，害怕得要命，却怎么也喊不出来，摆脱不掉迫在眉睫的死亡威胁；还有人会梦到自己受了伤，在梦中切身的疼痛感是那么真实，以至于痛苦地高声喊出来；更有甚者，会梦到自己遭遇了死亡，而醒来以后，却在现实中好好地活着……总之，恐怖梦境总是包含了各种各样的险恶的精神创伤和冒险经历，在我们毫无思想准备的时候，给我们突如其来的打击；恐怖梦境总是让我们望而生畏，绝对不是什么美好的体验，以至于经历恐怖的梦境之后，我们还是迟迟无法摆脱噩梦的心理阴影。当然，大部分人的恐怖梦境只是偶尔有之。但对于某些人来说，尤其是那些性格内向、胆小懦弱的人们，似乎更容易被恐怖梦境所侵袭，承受失眠、疲惫等多重生理问题，甚至无法正常地工作与生活。

我们从小到大总是在做梦。国外的一项心理研究表明，人一生中有大约三分之一的时间在做梦。儿童的恐怖梦境更是要比成人的多很多。因为儿童常常分不清现实和梦境，所以尤其感到脆弱无力，更容易因害怕而尖叫出声。其中，3～6岁的孩子最容易做恐怖的梦。青少年的恐怖梦境也相对较多，而他们梦中的恐怖人物往往就是父母的化身，其实他们的恐怖梦境正是自己想要努力摆脱父母、渴望独立的一种情绪体现。而成人一旦失去安全感，或者想起过往那些令人恐惧和不安的事情时，也会做恐怖的梦，据统计，大约4%的成人正在饱受恐怖梦境之苦。

心理学家认为，梦是在睡眠过程中出现的一种正常的生理现象。睡眠时，我们的大脑神经细胞都处于抑制状态，而这种抑制有时候比较彻底，有时候却不够彻底，如果少数区域的神经细胞没有完全被抑制住，仍旧处于兴奋状态，就会出现梦境。梦本身是无意识的过程，是被压抑的愿望和冲突的一种表现形式。并且，恐怖梦境一般都发生在凌晨，做梦者往往能够回忆起梦中的细节。

张女士最近总是梦见巨大的海浪把她卷入大海里，而梦里的人们总是离她很远，没法过来救她。每一次她总是自己被吓醒，即使是一句“救命”也喊不出来。后来，经过心理医生的深入了解才发现，张女士平时工作和家庭的担子都特别沉重，常常感觉力不从心，但她性格又比较要强，不愿意向同事和家人求助。梦中的恐怖场景不就是她现实生活的原样再现吗！如果她想要摆脱这个恐怖的梦，就应当及时地把工作、生活中的问题处理好，消除心中的紧张感和压抑感。同时，心理医生也明确指出，张女士的梦之所以如此恐怖，应该是受到强烈的情绪压抑所致，她的梦就是现实中她所过的生活的一面镜子。

恐怖梦境的出现不是无缘无故的，它既受外界的生理刺激影响，也受自身心理情绪的影响。比如，在你睡觉的时候，压住了心脏，或者蒙住了口鼻，这种压迫的刺激会引起大脑皮层的警觉，形成恐怖梦境。很多时候，我们的恐怖梦境发生时，并没有这些外界的生理刺激，那就是自身难以治愈的精神创伤所致。要知道，当我们清醒时，所有的情感都被理智一手控制着，我们并不会出现过激或者过分的情感表现；而当我们进入睡眠状态时，显意识逐渐弱化，潜意识就开始登台亮相，那些难以在现实中倾诉的、被深深压抑的情感就可以在噩梦中尽情地释放出来。这些压抑的情感有可能是一场大病过后的痛楚，也有可能是失去爱人之后的悲伤，还有可能是受了一次伤害后，内心留下的疤痕。此外，每天的压力、工作的焦虑、生活的变迁、感情的起伏等都有可能引发恐怖梦境。

唐代诗人韩愈也曾经在《陪杜侍御游湘西两寺独宿有题一首，因献杨常侍》中描述过自己的恐怖梦境："犹疑在波涛，怵惕梦成魇。"其中的阴森恐怖可见一斑。那么，我们应该怎样妥善摆脱恐怖梦境的反复纠缠呢？

保持乐观的心态。恐怖梦境总是与压力形影不离。我们可以尝试着减轻自己的心理压力，从而减少自己的恐怖梦境频率，感受身体放松的感觉，带着轻松的情绪入梦。平时可以多看一些轻松愉快的电影和小说，尽量不看恐怖电影或者灵异小说，减少这些不良刺激，以免其成为噩梦的来源。睡觉前，不要过度用脑，泡一泡脚，喝杯牛奶，听听舒缓的音乐，让自己抛开压力。平时更要保持良好的心态，平和地看待生活中的各种问题。很多心理学研究表明，有乐观情绪、开朗性格，生活愉快的人一般不会做噩梦。即使偶尔做了噩梦，也不会反复纠结。

处理压抑的冲突。恐怖梦境是你生活中没有解决的情感矛盾的重现。如果你确实存在这种矛盾，不应再压抑，而要抛却人格面具，回归真实的自我。心理学家罗杰斯认为，最大限度地体验自己的情感是解除压抑的良方，"在毫无保留的情绪流泻中，人们不仅可以体验到伤害与悲哀，而且可以感受到人所能产生的一切情绪，如妒忌、狂怒、绝望，或者信心、骄傲、敏感的柔情、使人不寒而栗的恐惧、令人销魂落魄的爱情等"，从而找到真实的自己。方法之一就是倾诉你的情感，解开你心中的疙瘩，将隐藏在心中的压抑尽数释放出来，如此，才不会再有恐怖梦境的纠缠。

科学有度地用脑。合理作息，有张有弛，科学地使用大脑。因为梦境也是睡眠中大脑部分区域继续兴奋的产物。劳逸结合，避免大脑疲劳；适当进行户外活动，改善大脑血液循环；充分休息，让大脑保持清醒；不要让大脑长期处于紧张状态，用脑时要注意符合大脑的特点和活动规律。

其实，我们反而应该感谢恐怖梦境，正是这些恐怖梦境帮我们躲开了现实中的“噩梦”。努力让自己幸福起来，但不要欺骗自己。每当有恐怖梦境出现时，小心记住它的提示，针对性地解决生活中压抑的情绪和问题，就能够自然而然地消灭恐怖梦境。

第四节　从固执己见到偏执人格

在《旧唐书·李纲传》里，有这样一段描述：“时左仆射杨素、苏威当朝，纲每固执所见，不与之同，由是二人深恶之。”说的是唐朝礼部尚书李纲顽固地坚持自己的意见不肯改变，导致左仆射杨素、苏威都很厌恶他。这也是“固执己见”一词的由来。

固执己见的人，看上去似乎也没有什么不正常，但是这些人思想里一成不变的想法是根本无法动摇的。固执的人大多具有以下特征：太过自以为是、自尊心特别强、思维上不懂变通、神经敏感多疑、情绪容易冲动。这些特点使固执的人无法正确地认识自己，也不能倾听身边人的声音，更不能客观地接受生活中的各种境遇。

当固执己见达到一定程度时，就会演变成偏执型人格。偏执型人格是固执己见的升级版，主要表现有：极度敏感、固执刻板、嫉妒苛责、自命不凡。当别人成功时，他们会妒火中烧；当遇到失败时，他们总是将责任归于他人；当和亲朋好友在一起时，总是会怀疑他们别有用心。

固执发展成偏执，可能仅仅是时间问题，而对生活造成的恶劣影响却几乎不可逆转。尤其容易造成人际关系的紧张，无法与他人和睦相处，可能会使朋友反目成仇，夫妻关系破裂，甚至陷入众叛亲离的极端窘境。

固执和偏执的形成，具有其深层次的根源，大多跟童年时期的家庭环境有关。如果父母经常指责、否定或者拒绝子女，在这种缺乏爱的成长环境中就容易造就偏执型人格；此外，在个人的成长轨迹上并非一帆风顺，经常遇到失败和打击，或者受到侮辱，也有可能形成偏执型人格；还有就是我们自身可能存在着一些缺陷，但是自己不愿意承认，如个子太矮、长相太丑等，潜意识里深深为此自卑，而自我要求又高，就容易形成矛盾的偏执型人格；还有可能出于自尊的精神需要，没有文化的人厌恶别人说文化，经济条件不好的人反感谈钱……这种虚荣的心理，也会让固执发展为偏执，影响与别人的正常沟通交流。

大多数时候，我们总是“不撞南墙不回头，不见棺材不掉泪”，深深陷入一些事情无法自拔，即使家人不理解甚至抱怨，也依然故我，这就是固执。仔细观察一下，我们就会发现，很多悲情人物固执地坚持自己的想法，不论别人怎么说，一味地执迷不悟、不肯悔改，最后终于受尽折磨，才有可能幡然醒悟。

在电视剧《不要和陌生人说话》中，演员冯远征所饰演的主人公安嘉和，就是一个偏执型人格障碍的代表性人物。他本来是一个事业有成、受人尊敬、近乎完美的外科大夫，却因为自己的偏执、狭隘，亲手将自己曾经无比幸福美满的婚姻毁于一旦，走上了自我毁灭的不归路。片中，有很多剧情都反映了他的偏执型人格。比如，妻子梅湘南被人绑架并解救出来以后，他不是第一时间安慰妻子，反而深深地怀疑妻子在和匪徒单独在一起的时间里，做了一些见不得人的事情。回家之后竟然控制不住自己，动手打了妻子。在这里我们就能够看出来，安嘉和是怎样的敏感多疑，怀疑妻子对自己不忠，不能很好地处理和妻子之间的关系。还有一次，同事来看望安嘉和时，就因为妻子跟这位同事多说了几句，他就对妻子非常不满意。我们可以看出，安嘉和具有强烈的嫉妒心理，会把这一切都归咎到别人身上，总是以自我为中心，从不深刻地反省自己，认为妻子就是不应该跟不熟的异性交谈。

结果呢？偏执不但毁了他，也毁了他的家庭，正是偏执将安嘉和拽进了人生的死胡同。但是，偏执这种人格特质如果善加利用，还有可能让人执着到底，成就一番大事业。古今中外，有很多名人都具有一点偏执型人格。

《唐山大地震》这部电影是由小说《余震》改编的，作者是加拿大的华裔女作家张翎。冯小刚一看到这部小说，就认为《余震》的故事非常感人，能够体现一种民族精神。张翎为了写这部小说，固执地准备了30年。为了搜集素材，她跑遍了整个美国寻访知情者；为了创作，她竟然去读了两个完全不相干的专业——英国文学和听力康复学；为了写出地震后的事情，她把唐山大地震的回忆录全部找过来看，两个月里笔耕不辍。正是有了这种“偏执”，才最终造就了《余震》。

那么，我们普通人怎样改善自己的偏执行为？

我们最该摒弃的是虚荣心。人无完人，我们不必费尽心思地掩饰自己的缺点和错误，也不必夸夸其谈、滥竽充数，更不必为了所谓的虚荣心一根筋拧到底。我们所要做的就是将自己从这种陈规陋习中解脱出来。不断加强自我克制，将自己的情绪和不当言行一一摒弃，将虚荣心转化为不断追求进步的正能量。

我们最该修炼的是好心境。心境提高了，境界才能改变，也才能够放下偏执之念。不论过去的种种功过，也不说权力地位如何，只要放平了心态，就不会一味地揪着过去的成绩不放，也不会品头论足地议论别人。老老实实地放平心态，低下头虚心学习，努力丰富自己的知识，改变自己对人、对事的态度。试着尊重并信任别人，学着宽容待人，不要再去计较那些微不足道的事情。

我们最该克制的是坏情绪。不要顽固地坚持自己的错误观点，也不要随意地纵容自己无礼的言行，更不能狭隘地不愿接受别人的建议。学着自我调控，逐步转化自己的抵触情绪，积极地接触新鲜的事物。学着从书本中得到慰藉，让知识改变自己的思想和力量，克服负面情绪。

从固执己见走到偏执人格，我们自己是最大的受害者。我们要学着敞开怀抱，试着拥抱外面的世界，试着倾听别人的建议，试着修炼自己的心境。唯有当机立断地改变和升华自己，所有的问题才会迎刃而解。

第五节　令人恐惧的心理暗示

美国心理学家詹姆斯·卡拉特教授曾在《生物心理学》一书中发表过一个心理学故事：一个大学里的几个学生搞恶作剧，在深夜里，将另一个学生在毫不知情的情况下装进布袋，将他的双手、双脚捆起来，眼睛蒙住，放置在一条废弃的铁轨上。而此时，旁边的铁轨开过来一辆火车，“轰隆隆”的声音让整个大地为之颤抖。一开始，这个被捆绑的大学生还在拼命地呼救和挣扎，当火车要开过来时，他却不再动弹了。火车开走之后，当这几个学生打开布袋，给他松绑时，惊讶地发现他们的朋友已经停止了呼吸。根据法医对尸体进行的医学鉴定，这个大学生的身体内部没有任何器官受损的迹象。

而他的死亡正是自己心理暗示的作用。当他听到火车开过来时，身体感受到铁轨的颤动，他的内心深处袭来一阵无助的绝望，认为自己根本无法逃脱。于是，为了让自己免受火车分尸之苦，他在火车尚未到达之前，就用消极的心理暗示强行终止了自己的生命。

心理暗示是人或周围环境以言语或非言语的方式向个体发出信息，个体无意识地接受了这种信息，从而做出了一定的心理或行为反应。心理暗示的力量强大到不可思议。它是一种影响潜意识的方式，能够用超出我们自身的能力，来指导我们的心理和行为。心理暗示会作用于我们的心境、兴趣、情绪、爱好、心愿等诸多方面，使之发生显著的变化，进而改变我们的某些生理功能、健康状况和工作能力。心理暗示让我们不假思索地接受了一定的信念，然后影响了我们的情绪和意志。尤其是一些消极的心理暗示，会进一步扰乱我们的心理、行为以及生理机能，并造成身心方面的疾病。而如果长期反复地进行消极的自我暗示，人们的潜意识就会养成一种根深蒂固的消极模式，深深陷入消极心理而不能自拔。

我们在生活中也会经常用到心理暗示，让自己能够更加成功或者减轻痛苦。在经受痛苦的时候，我们会安慰自己"一切都会过去的"，让自己的忍耐力更持久一些。在想要成功的时候，我们总是会在脑海中勾画美好的场景来激励自己。而更多的时候，我们会被自己的低迷消极情绪所包围，常常为自己的失败寻找各种理由，其实归根结底，消极心理才是罪魁祸首。有时，我们会长吁短叹，用五花八门的借口来回避现实中存在的问题，嘴里总是在抱怨"工作太多了"或者"实在太难了"。而这些暗示只会一遍又一遍地提醒自己：你根本做不到。将这些认识深深地印刻在你的潜意识里，会使事情一直处于无法进行的状态之中。

而心理学研究认为，性格上比较敏感、脆弱、不够独立的人，更容易接受消极的心理暗示。而长期的消极心理暗示会影响我们的情绪，甚至影响到身心健康。

负面的心理暗示很容易引起我们的紧张情绪，让我们更容易受到外界环境的影响，尤其是在激烈的竞争环境中，可能会让我们的思维形成局限，滋生恐惧的心理，影响我们能力的发挥。错误的心理暗示也会让我们的注意力难以集中，出现心猿意马、大脑放空的情况，无法全力以赴地做好一件事情。而更为重要的是，消极的心理暗示还可能会让自己产生自我否定的想法。令你想做某件事情但又极其容易出现胆怯心理，甚至对整个生活失去信心，降低了自我效能感，也失去了对挫折的耐受力。

我们要认识到消极的心理暗示的危害，如果因此得了心病，就要积极运用正向的心理暗示来进行自我治疗。要知道，心灵的健康往往比身体的健康更重要。当你的心理健康时，即使身处逆境，也可以乐观积极、屡败屡战。而一旦你的心理处于亚健康状态，即使你坐拥财富和名望，也可能会苦闷烦恼、郁郁寡欢。如果不能及时调整好自己的心理，就会很容易接受消极的心理暗示，长时间把自己禁锢于自暴自弃的怪圈。所以，我们一定要学会调节心理，就像根据天气情况适当增减衣服一样，让自己的心灵更轻松、更舒适。

不要吝啬对自己的鼓励。当我们遇到难题时，千万不要想当然地认为“我做不到”。多对自己说：“我可以”“我能行”“我会做得很棒”等积极的暗示语言，有意识地正向激励和影响自己。激发自己的潜意识，增强自己的信心，让自己在行动中充分感受到自身的无穷潜力。

冷静下来，多加反思。我们应该一日三省吾身，也应该冷静地观察自己的内心世界，将心灵深处的烦恼倾诉出来，尽数释放内心的压力。可以试着和家人、朋友交流，将自己的烦闷说出来，他们的宽慰将有利于我们的情绪好转和恢复。还可以学习别人有类似经历时的处理方法，用别人的成功来暗示自己："别人可以做到的事情，我也可以做到！"从而激励自己走出低谷期。当遇到挫折时，不要纠结于过往的失败，让过去成为过去，要用正面的暗示指导自己："我一定会比上次做得更好！"

不轻易给自己贴上"差标签"。当我们有时候做一些事情不够完美时，总是会为自己找借口，给自己贴标签："我可能就是有点笨，学得慢""我不够开朗，处理不来与这么多人的关系"，等等。这些不尽如人意的标签只会让你更加认同自己就是这样的人，让你在开始之前，就已经放弃了努力。索性舍弃掉这些"差标签"，尽可能理性地看到自己的进步和优点，给自己多贴上一些正面的标签。如此，你会在自我肯定中重拾自信，走向成功。

在想象中演习你的人生。在安静舒适的环境中充分放松自己，闭上眼睛在脑海中演习你的目标。如果你想要在职场上有所进步，你可以想象自己已经成了部门经理，想象你正在会议室里跟员工开会，想象你带着文件去和外商谈判，想象你拿下了价值很高的商业合同，想象你得到了董事长的赞许……你可以在心里默默地告诉自己，这就是我的未来，我渴望这样的人生。这些都将成为你前进的动力，类似的想象也会在潜意识中留下积极的印迹，当遇到真实的情境时，潜意识会按照积极的记忆来指导我们的思想和行为。

一个内心健康自信的人，要能够分辨出积极和消极的心理暗示，并能够全力抵御负面的心理暗示。“心之所向”在我们的成功道路上具有非常重要的作用。所以，合理利用积极的心理暗示对抗负面情绪吧！给自己一些激励和信心，让自己的小宇宙爆发。有时候，这些无心之举甚至可以为我们带来自己也预想不到的优异成绩。

第六节 世界不是非黑即白的

你身边有没有这样的同事或朋友：他们严格要求自己，坚持原则，好恶鲜明，在他们的眼中，世界是非黑即白的；他们爱在每一件事情上较真，喜欢一争胜负，甚至有点得理不饶人；他们在犯错后容易自我纠结，甚至一蹶不振、心灰意冷；他们经常深陷苦恼，不知道该如何挣脱和自我拯救；他们不擅长人际交往，表达往往过于简单和直接，容易伤害到别人，引起旁人的误解……这些人总是会跟同事、朋友们频频发生冲突，无论是因为观点不同，还是行为迥异，总之，他们和大家的关系会相对紧张。

这类人的心理成长速度比较缓慢，解决问题的反应机制缺乏应有的弹性，眼睛里压根就看不到黑与白之间的过渡地带。其实，并不是所有的事情都只存在黑和白两个绝对性的结果，任何事物的发展都不是单一和绝对的，它们总是在发展中变化，在变化中发展。每一件事情都有可能存在灰色地带，不能一味地、简单地只用黑和白两种定论来描述和认识事物。这种简单的线性思维，会让你无法客观全面地认识一个人或者一件事，也无法系统地思考、分析并解决问题，更无法和整个团队凝聚在一起，从而影响到个人能力的施展和发挥。一般来说，具有这种非黑即白的认知模式的人，一般都很有才华，自尊心也很强，极为害怕失败。他们不停地驱使自己努力奋斗，往往会因为一次失败，而彻底否定自己。失败等同于他们的世界末日，往日的自信顷刻瓦解，沮丧、焦虑、抑郁情绪会像滚雪球一样越来越强烈。

当思维陷入非黑即白的模式以后，就只会提出两个相互对立的选项，如黑和白、好和坏，然后自行选择其中的一个。但是，你要懂得，黑和白其实并没有完全涵盖所有的可能，而这两个选项之间也是相互对立和略显极端的。非黑即白的想法是要么肯定，要么就完全否定，这种过于绝对的思维模式，将会对你的情绪和健康产生负面影响。

在干部公选中，一位年轻有为的公务员落榜了，他因此而灰心丧气："我输掉了公选，以后还有什么前途可言。"就这样，因为一次失败而彻底否定了自己。一名品学兼优的学生，一直都稳居年级前十名，因为偶尔的一次发挥失利，落到了十名开外，他开始对自己不满意，认为"我现在已经没有希望了"。就这样，仅仅因为一次考试失利，他就从云端永远地坠入了泥潭。在高考中，因为没有考取自己的第一志愿法律专业，年轻的高中生瞬间觉得"我太无能了，不能学习法律，就意味着我的前程完全毁了"。他刻意忽略了一个摆在自己面前的事实：他还有很多其他的选择，不一定非要学法律。

在我们的生活中，类似这样的非黑即白的想法实在不胜枚举，如“不成功便成仁”“背水一战”“我的努力结果或是成功，或是惨败”“不在沉默中爆发，就在沉默中灭亡”，等等。我们都太容易不自觉地将事物一分为二——非黑即白。毫无疑问，这种思想只能让我们更加痛苦，更容易因为一次失败而产生郁闷的负面情绪。因为非黑即白的思想认为，如果没有取得成功，那就是完全失败；如果成不了好人，那就是彻头彻尾的坏蛋。

究其原因，非黑即白的心理大多是在童年时期形成的。在我们年幼的时候，对自然、社会和世界的认识都非常简单，而家长和老师们也多是采用比较简单的教育方式。比如，在看动画片时，他们会告诉你灰太狼一家是坏人，喜羊羊它们是好人；在读历史故事时，他们会告诉你秦桧是奸臣，岳飞是忠臣。此时，他们只是依据儿童的心理发展水平简单地告诉你黑和白的区别，却没有更深入地告诉你，在黑与白之间的色谱地带上还存在着很多种五彩斑斓的颜色。而当时的你也无从知晓，其实还有不好不坏的人，和不黑不白的颜色。就这样，你在长辈们的教育下渐渐养成了非黑即白、非此即彼的思维模式。

当我们逐渐长大以后，亲身经历了丰富多彩的生活，掌握了丰富的知识，拥有了分析辩证的思想，我们才恍然发现：原来非黑即白的想法是不符合实际生活需要的。因此，我们开始学习用多重视角、多种思维方式来认识和定义这个世界。但是，总有那么一小部分人，因为种种原因将这种思维定式固执地保存了下来，仍然运用那种非黑即白的思维方法来处理问题。

其实，非黑即白是一种缺乏智慧、不够成熟的表现。它将给你带来很多无法避免的困难，也将让你面临更多接踵而来的挑战。要知道，“水至清则无鱼，人至察则无徒”。在爱情、婚姻和事业面前，我们不能简单地将事物定义为黑或白，而忽视其他可能性。因为爱情不是除了快乐就是痛苦；婚姻也不是除了幸福就是不幸；而事业更不是只包括成功和失败两种。选择了非黑即白的认知以后，一旦遇到挫折，你就会发现，自己根本不能相信自己，甚至会全盘否定自己。其实这种认知主要还是完美主义情结在作祟，亨利·比群曾说过：“当一个人标榜他已做到十全十美的地步时，他的容身之处就只剩两个地方：一个是天堂，另一个则是疯人院。”

我们必须学会保存一个中间地带，放弃完美主义，改变非黑即白的思维模式。如此，才能收获友情和爱情，才能一展学识与才华，才能得到幸福美满的人生。那么，我们又当如何改变自己呢？

清醒地认识自己。具有非黑即白的思维模式的人，通常不能正确地认识自己，也就是没有自知之明。他们喜欢用美丽的语言来标榜自己，不能正视自己的问题，也不愿改变自己，总是找各种借口来美化自己。如果你正是这样的情况，那么该醒醒了，我们要看到自己的不足，看到自己的幼稚之处，并下决心改变。深入地审视自己性格上的不足，对自以为是、脾气急躁，或是粗枝大叶的毛病要学会控制和调整。提高自己的人格修养，学会柔和有效地沟通，既适当坚持原则，又让别人容易接受，做一个外圆内方的人，才能得到大家的理解和认同。

运用多种思维模式。摒弃非黑即白的二元模式，学会运用发散思维、系统思维等多种思维模式，突破自我认识的局限性。充分发掘事物之间的相互联系和相互作用，努力用发展的、联系的、全面的眼光来看世界、想问题。

丰富自己的阅历。当你的人生经历足够厚重时，当你的知识面足够丰富时，你自然而然就会发现非黑即白的荒谬之处。当我们从学校走向社会之后，应该“读万卷书，行万里路”，涉猎广博的知识，见识不同的风土人情，不断地开阔视野，增进智慧。

所有的矛盾总是相依而生，非黑即白的思想当然是片面不可取的。选择非黑即白的思维模式只会沦落为平庸和腐朽之人。只有用中正之心看世界，才能更好地适应生存环境，才能在人生旅程中走得更顺利。

第四章

强迫症集中营

第一节　开着宝马的盗窃犯

你知道什么人会去偷东西吗？他们为什么要偷东西？在正常人的思维里，小偷往往是穷困潦倒，迫于生活需要，因为贫穷才不得已去偷窃的。但是，你见过开着宝马车的盗窃犯吗？

开着宝马轿车，银行存款高达数千万元，就是这样的一个堪称富翁的中年男子，居然跑去偷一个包子铺里的零钱。这是 2014 年 7 月 25 日上午，发生在浙江省温州市平阳县一家包子铺的真实故事。谁又能相信，这样一个身家上千万元的有钱人，居然会去偷包子铺的那几个小钱？但这一幕却真真切切地上演了。根据目击顾客的回忆，当时包子铺里的顾客比较多，店员都非常忙碌，收银台放钱的抽屉也打开着。就在这时，有人发现一名衣着考究的男子正在偷偷摸摸地拿收银台抽屉里的零钱。这位顾客急忙高喊一声："老板，有人偷钱！"老板随即闻声赶过来，一把抓住了该名男子，马上要打电话报警。而该男子的妻子闻讯赶来，声称愿意加倍赔偿老板的损失，只因丈夫患有偷窃癖，之前也曾经因为拿了香烟摊上的 20 元钱而被送进派出所。就这样，老板看夫妻二人态度恳切，言谈举止也的确不像小偷，再加上没什么实际损失，就没多加追究。大事化小，小事化了之后，偷钱的中年男子发动了停在外面的宝马车离开了，只留下包子铺内外瞠目结舌的众人，对此事反复回味，议论纷纷。

但我们应该明白，法律是不会因为你患有偷窃癖，而对你的偷窃行为从轻论处、网开一面的。公正的法官最终会依据你的偷窃行为的严重程度给你定量判刑，令你受到应有的惩罚。

在我们所知道的偷窃癖患者里面，还有不少大明星和公众人物。其中就包括奥斯卡影帝达斯汀·霍夫曼和美国女演员薇诺·瑞德。他们作为好莱坞明星，身家富庶，偷窃行为除了能让他们臭名远扬之外，根本不会带给他们任何好处。但即便如此，达斯汀·霍夫曼还是曾经亲口承认自己热衷于偷窃知名酒店里的小物件，如肥皂、毛巾、踏脚垫等；而薇诺·瑞德也曾因在一家商店里窃取数千美元的物品而被判处3年缓刑，并承担了480个小时的社会服务。

在心理学上，这种现象被称为偷窃癖。它是指反复出现、没有明确目的、纯粹出于无法抗拒的内心冲动的一种病态偷窃行为。偷窃癖患者会想去偷窃东西，不管是否需要，不分贵贱，也不是为了谋取经济利益，即使屡遭惩罚也难以改正，这正是一种强迫性的偷窃行为。偷窃癖患者明明知道自己的偷窃行为很可耻，但就是不能控制自己伸出去的“第三只手”。他们只是单纯地享受偷窃给自己带来的精神上的短暂快感、满足感和放松感。

但实际上他们所偷窃的那些东西，凭借他们的经济实力完全可以负担得起。当他们那种偷窃的满足感过去以后，这些东西要么被随手扔掉，要么被转赠他人，要么被掩藏起来，要么物归原主……总之，他们仅仅是享受偷窃时那种刺激的过程。在现实生活中，偷窃癖患者极为少见，而女性患者相对来说要比男性患者多一些。他们的这种偷窃行为并非蓄谋已久，往往是临时起意，因为控制不住内心的冲动而伸出手去。

偷窃癖的行为看起来莫名其妙，令人匪夷所思，为什么他们会喜欢这种偷窃别人东西的感觉呢？

据心理学专家解释，偷窃癖患者往往有着某种难以排解的心结。这份情感长期郁积在心里，就会通过偷窃这种强迫性行为外显出来，偷窃可以暂时令其从那种精神困境中解脱出来。

偷窃癖的形成一般跟童年时期家庭关爱的缺失有关系。在偷窃癖患者的童年经历中，父母大多因为某些原因，没有给予孩子足够的关爱和支持，与孩子缺乏有效的情感沟通。孩子则相应表现为缺乏自尊、自爱、自我价值感，在学校多被孤立、惩罚。此时，他们就会用恶作剧或者偷东西的方式来引起父母的关注。久而久之，随着年龄增长，可能发展为偷窃癖。

还有些人患有偷窃癖是出于补偿心理。他们往往通过偷窃来获取瞬间的喜悦感和满足感。这些人一般不能很好地处理人际关系，没什么朋友，缺乏有意义的人际关系，只好通过偷窃这一另类的方式补偿自己的情绪。

另外一部分偷窃癖患者则是出于心理学上的“无意义感”。他们总认为自己的生活太过单调，内心缺少自我价值感和存在感，通常有强烈的空虚感，总是处于不开心、无聊、郁闷甚至厌烦的精神状态中。但是自己的内心既不满足于这种平淡和单调，又缺乏能力去改变自己的状况，所以就通过偷窃他人的东西来刺激自己沉寂的世界，以此感到自己还活着。这种观点听起来诡异，但真的有一部分人就是出于这个原因才患上了偷窃癖。

偷窃癖患者无法控制内心的偷窃冲动，那种内心深处的焦虑、抑郁和强迫正是他们的偷窃癖产生的根源所在。他们在潜意识中形成了偷窃的自我精神补偿，如果一味地指责他们的偷窃行为，也就是在意识上压制他们的精神需求，会适得其反。而偷窃癖患者本身也一直承担着可能被别人发现的焦虑和恐惧，所以他们一般不会主动披露自己的癖好，可能碍于羞耻心，也可能因为要独享这种偷窃后的愉悦，还有可能是害怕受到法律的制裁。

偷窃癖患者可以进行自我疗愈。要想改正已经成癖的行为，必须要有坚强的意志和坚定的信念。偷窃癖患者在治疗期间尤其要持之以恒，不能随便以“我控制不了自己”为借口而终止治疗。可以坚持写治疗日记，进行自我解剖和自我教育。要知道，人最大的敌人是自己。要想战胜自己的怪癖，就要有足够的恒心和毅力，极力克制自己想要偷窃的冲动，防止旧病重犯。

偷窃癖患者可采用厌恶疗法。每当脑海中浮现出想要偷窃的念头时，可以试着给自己一个厌恶性的刺激。比如，狠狠地拧自己的大腿，感到极大的疼痛；或者强迫自己做恶心的事情，如抠喉呕吐；还可以让自己闻一种无害但是极为刺鼻的味道，令自己产生厌恶感。这样的厌恶性刺激可以辅助矫正自己的不良癖好，最好是让家人一起参与其中，配合自己的矫正过程。这种厌恶疗法其实就是以毒攻毒，让患者从内心深处排斥自己的癖好，正所谓“心病还须心药医”。

偷窃癖患者还可以寻求专业的心理治疗。可以一方面借助药物减轻偷窃冲动，另一方面以心理治疗作为辅助。对于偷窃癖患者，我们需要采用多管齐下的方式，帮助他们理解和识别诱发偷窃行为的情绪、心理，了解偷窃背后的潜意识需要，感受自己内心的真实想法。可以倾听他们的苦闷，帮助他们改善人际关系，促进他们做积极的思考和有益的行动。

经过较长时间的系统治疗，偷窃癖患者一般能重新回归社会和家庭，即使偷窃癖的改正过程漫长而艰辛，他们也并非无药可救。最重要的一点是，偷窃癖患者一定要早日正视自己的心理障碍，在偷窃癖早期就实施积极的干预和系统的治疗，从而早日获得新生。而我们旁观者也不能简单地将偷窃癖患者的行为归结为道德低下，应该给予他们必要的宽容和理解，设身处地为他们想一想，因为在这种偷窃行为的背后也许有着很多不为人知的苦衷与秘密。

第二节　胡思乱想疑心病

《三国演义》中，曹操作为一代枭雄的人物形象可谓深入人心，而曹操多疑又是路人皆知的事情，他就是那种典型的疑心病患者。据《三国志》记载，当年曹操想要刺杀董卓未果，败露后仓皇潜逃，在陈宫的帮助下到曹嵩的朋友吕伯奢家借宿一晚。吕伯奢热情地招待了他们，并自告奋勇地外出买酒。就在此时，曹操听到了后院里“霍霍”的磨刀之声，当下就断定“吕伯奢非吾至亲，此去可疑，当窃听之”。当听到后院传来“缚而杀之，何如？”的对话声时，他就误以为吕伯奢要杀他，不分青红皂白地把吕氏一家八口尽数杀光了。杀人以后，曹操与陈宫一同逃跑，路上恰巧遇到吕伯奢买酒归来，这才知道原来对方是要杀猪待客。但曹操似乎毫无悔过之心，依旧使计将吕伯奢也“骗而杀之”，随后留下了一句无比著名的话：“宁教我负天下人，休教天下人负我。”

说起来，曹操的死跟他的疑心病太重也有直接的关系。曹操本来就有痛风病，恰逢当时他想要废掉汉帝取而代之，结果遭到众人反对，当场又急又气，痛风发作，头痛难忍。下属们急忙请来名医华佗给曹操看病。华佗把脉诊视后，认为他的头痛是“因患风而起”，开的药方是“先饮麻肺汤，然后用利斧砍开脑袋，取出风涎，方可除根”。谁料曹操听后却恼羞成怒，认为华佗是想要杀他，“臂痛可刮，脑袋安可砍开？汝必与关公情熟，乘此机会，欲报仇耳！”于是将唯一可能医治好他的华佗投入监狱，拷问致死。而后，曹操病入膏肓，却无人可医，再加上自己的疑心和焦虑越来越严重，最后撒手人寰，终年66岁。

疑心病是指一种神经过敏、疑神疑鬼的消极心态。患有疑心病的人总是会通过胡思乱想而把生活中先后发生的、毫不相干的事情联系在一起，甚至无中生有地制造出一些事情来证明自己的观点。他们的这种胡乱猜疑会严重地影响到自身情绪、生活与健康，令整个人的状态都混乱不堪，最终在自己的生活中上演一场自编自演的悲剧。

现实生活中，我们身边总会有一些人喜欢无端生疑。他们总是怀疑别人的无意识行为，认为那些人都想要欺骗、伤害或者暗算自己；他们总是曲解别人的好意，认为那些人心怀不轨，疏远、谩骂他人，跟众人颇有隔阂；他们总是多此一举地在社会交往中筑起一条条鸿沟，无法跟别人友好相处，甚至与朋友渐行渐远、反目成仇。

其实，我们很多人都可能会产生猜疑心理，这种猜疑是有根有据的怀疑，跟疑心病相比，是有着客观事实依据的。对于正常的猜疑之心，我们自然无须担心，但一旦形成了疑心病，就走入了猜疑的一个极端，是无端生事、心理失衡的一种表现。而且患有疑心病的人，往往会格外固执，听不进去别人的意见，可能会形成偏执型人格，甚至根本无法像正常人一样心平气和地生活。

疑心病患者一旦开始怀疑别人对自己不好或者不利，就可能极度苦闷，心情郁结于其中，不能排解，时间长了就可能患上神经衰弱等精神疾病。还有些疑心病患者在产生疑心之后会很快地对怀疑做出反应，别人讽刺了他，他就要反讽回去；别人看不起他，他就要自恃清高，冷淡回应；别人对他不好，他可能就要打架斗殴，最终发展成为反社会分子。这些消极的想法正像一条条无形的绳索，束缚了人们的思想，让自己郁郁寡欢，更狭隘，也更孤独寂寞。

因此，在跟疑心病患者打交道时，我们一定要格外小心谨慎。可能一个不经意的动作或者一句无心的话语就会引起他们的疑心。疑心病的形成可能跟儿童时期的经历有关，他们可能受到过严厉对待或者曾经遭遇不幸，导致自己和别人缺乏感情交流，久而久之，就演变为对所有人都不再信任。

疑心病患者往往过于关注自己的利益。他们以自我为中心，不管利益大小，只要有利于自己，就要用力争取，如果争取不到，他们就会认为是别人在搞破坏。即使本不属于自己的利益，他们也认为自己应该拥有，认为别人侵占了属于自己的东西。疑心病患者具有错误的思维模式，他们总是预先假定所有人都是不怀好意的，都在想方设法地损害自己的利益，排挤自己，总感觉自己的周围危机四伏。疑心病患者也无法正确地应对外界反应。因为太过多疑敏感，总是冲动地做出反应，导致和周围人的矛盾进一步加剧，造成更恶劣的影响和后果。

加强沟通。疑心可能会影响你跟亲人的良好关系，不要将怀疑深藏在心中，不肯告诉他人。拒绝与家人和朋友交流，可能会加剧自己的焦虑担心，致使病情恶化。要相信，这世上没有没被误会和冤枉过的人，关键是我们要想办法消除误解，而不是无限期地搁置它。如果误会没有及时化解，可能就会发展成猜疑，再向下发展，就可能酿成不幸。所以，我们最好能同被怀疑的对象开诚布公地谈一谈，坦诚相待，弄清楚事情的来龙去脉，及时消除不必要的怀疑。

努力分清想象和现实。疑心病患者有时候会无中生有地臆造一些妄想来支持自己的观点，这是要不得的。对此，可以通过静坐冥想，来减少心中的杂念，促进心灵的平静和增强自信心，这些都有助于战胜疑心病。一定要调整好心态，勇敢地摒弃和消除不切实际的幻想，让自己分清想象和现实。务必牢记，主观的幻想不等于客观现实，不要将两者混为一谈，尤其不能无谓地夸大事情糟糕的一面，让自己的潜意识信以为真。

冷静客观地对待问题。将胸怀放开阔一些，不要斤斤计较，反复琢磨别人的一言一行。很多事情都要放得下，看得开。遇到问题时，首先冷静下来，客观、全面地分析问题，这样一来，90%的疑虑都会烟消云散。当疑心病患者受到刺激时，要控制自己，不要立刻发作，首先给自己留一些反应时间。可以问问自己“事实果真如此吗？”“有没有什么隐情呢？”用这些思考来放缓自己的情绪发作节奏，可能就会躲过最危险的情绪爆炸时刻，避免自己的冲动和过激行为。

如果任凭多疑占据你的心灵，你的感情与理智会持续失衡。只有实事求是、理性思考，才能从胡思乱想的猜疑枷锁中解脱出来，让自己生活得更坦然、更轻松。

第三节 忍不住的挤痘狂魔

谁在年少时，脸上没长过几个青春痘呢？但有些人就任由痘痘从无到有、从小到大、再从大到小直至消失；有些人却过分注重“面子工程”，忙活着涂涂抹抹、挤挤擦擦。要知道爱美是人之天性，大家都希望自己是潇洒、漂亮的，靓丽、精干的外表当然可以赢得很多人的喜欢。然而一颗颗红痘痘的出现，打破了心中的美梦，让我们恼怒不已，却又束手无策。面对这些恼人的痘痘，有些人不能忍受，经常性地摸摸、挤挤。到了后来，甚至有点乐在其中，只要脸上一长痘痘，就要煞有介事地对着镜子鼓捣半天，硬是要修理一下每个痘痘，心里才会舒服一点；更有甚者，还要全身上下仔细检查一遍，看看哪里还有痘痘，手凑上去挤一挤，按一按；还有一些人，看到别人脸上有痘痘时，也会生出一种冲上去帮他们挤一挤的可怕冲动……

2013年，腾讯网发布过一项社会调查，在12个怪癖强迫症程度的排行榜中，挤痘痘的怪癖名列第一。你可不要小瞧这个挤痘的行为，它其实是一个可怕的习惯，容易成瘾。心理学家也认为，爱挤痘痘的人大多具有轻微的强迫症，可能有完美主义倾向，而且做事情时喜欢及时反馈，没有多少耐心。他们明明知道挤痘痘不好，可能会在脸上留下疤痕，但就是控制不住自己的双手。

当你想要挤痘痘的时候，心里根本不会考虑自己的手指是否干净，是否会将成千上万的细菌留在脸上和痘痘的伤口处。你只是忍不住想要挤痘痘，挤完之后就觉得大功告成，全然不顾第二天痘痘红肿化脓，更加影响脸部的美观。对于某些人来说，挤痘痘成了一件特别有成就感的事情，尤其是把痘痘挤破的那一刻，内心深处会感到一种无以言表的满足。

根据生理学上的解释，当我们用力挤压痘痘周边的皮肤时，会给皮肤带来损伤。过大的压力可能会破坏毛孔周围的结缔组织，使其变形，失去弹性；而挤压不当还可能会形成痘坑，造成皮肤炎症，令皮肤严重受损而无法完成自我修复；还有一种可能就是皮肤组织受损后产生瘀血或者形成色素沉着，变成黑黑丑丑的痘印。

挤痘一族几次三番地挤痘战痘，招数用遍，最终徒留微缩的月球表面。在今后的岁月里，带着这张烙满青春印迹的脸，当然会影响到自己的心理健康：令自己更加在意痘痘，内心越发自卑；总是觉得别人会暗地里嘲笑自己的脸，引发自闭，不愿去人多的场合，不敢参与集体活动；一照镜子就心情沮丧，不想和别人交流；容易急躁，经常发脾气，甚至产生抑郁和焦虑等严重的负面情绪。

其实，挤痘痘就是一种存在强迫倾向的行为，虽然没有严重到强迫症的地步，但也可以说是滋生焦虑的一种途径。长了痘痘之后，内心很焦虑，希望它快点好，所以忍不住想用手挤痘痘，以此来减轻内心的患得患失感。

如果你也有挤痘痘的强迫行为，要及时地自我约束和克制。不要有事没事地照镜子想要挤痘，而要让痘痘自然成长、脱落并消失，避免皮肤二度受损和细菌感染。一定要管住自己的两只手，不要再人为地破坏你的“面子工程”了。所以，脸上有了痘痘之后，不要再盲目地去挤，而应反思自己这段时间的饮食作息及工作压力。要知道，起痘痘的原因复杂多样，有可能是因为加班熬夜导致肝火旺盛，也有可能是因为饮食上不忌口、吃了过多酸辣刺激类食物，还有可能是因为内分泌失调……即使你挤掉所有的痘痘，但这些原因没有解除，还是治标不治本，甚至连“标”也没能治好。所以，我们需要的是内外兼修，内部调理身体，外部修复肌肤，才能科学地消灭痘痘。

克制自己想要挤痘的冲动和行为。在心里暗暗告诉自己：不要用手摸脸，也不要用手去挤压痘痘，只是耐心地等痘痘自己长熟脱落，这是最好的办法。对于这种强迫行为，我们可以用自我暗示法来克制自己。当自己控制不住想要挤痘痘时，就在心底不断强化挤痘的危害性，留疤、留印，甚至可能致命等。这样一来，自己可能就不会再动挤痘痘的念头了。

保持平和的生活状态。注意饮食有度和作息规律，不要让压力影响自己的身体健康，时刻警示自己。首先想一想，你平时是否爱吃辣椒和油炸食品？再想一想，你平时是否经常喝水？还可以想一想，你晚上是几点睡的，是不是抱着手机看到凌晨？每天一日三餐准时定量吗，是不是经常不吃早饭，或者中午饭随便凑合，对不起自己的胃？现在的社会竞争激烈，每个人都或多或少地存在着压力，你可以任由压力将你的生活摆布成一团乱麻，也可以微笑着坦然接受生活的安排，乐观向上地过好每一天。要知道越是唉声叹气、愁眉苦脸，可就越容易长痘啊！相反，养成健康的生活习惯，就能够遏制嚣张的痘痘疯长的势头。

寻求专业医疗机构的治疗。如果痘痘非常严重，需要到专业的医疗机构就诊。医院会根据患者的病情和病因，制订个性化的治疗方案。通过消炎抗菌或者中医疗法进行诊疗，从皮肤深层解决发病原因，修复并护理皮肤。这样通过内外治疗达到一种平衡，让脸上的痘痘、痘印统统消失，让自己重新拥有一张光滑白嫩的脸。

千万不要让痘痘影响自己的美丽心情，更不要因为长痘而挤痘。我们要正视自己的脸，但又不完全依赖自己的脸面，不能因为几颗痘痘就完全否定自己，让自己的人生变得压抑。“痘痘一族”一定不要把小小的痘痘无限放大。看轻痘痘，克服心理上的障碍，我们的生活还是很美好的。

第四节　汽油喝出饮料味儿

大千世界，无奇不有。很多人会乱吃东西，天上飞的，水里游的，地上走的，胡吃海塞，统统抓过来尝一遍。可是，你见过把汽油当成饮料喝的人吗？这样的事情估计绝大多数人是闻所未闻的。

谁会喝汽油呢？当然是汽车啊！但美国、英国的多家媒体曾经报道过一则新闻：一个名叫莎侬的20岁加拿大女孩，平时没事就喜欢弄些汽油喝喝。这一怪异癖好还曾经在美国的真人秀节目《我的怪异癖好》中播出。

莎侬是加拿大安大略省威兰市人。据她自己回忆，在她很小的时候就已经对汽油的味道产生了好感。她是个小女孩的时候，就经常趴在家里的汽车排气管旁边，汽油特有的味道令她感到无比舒心。后来，莎侬的父母离婚了，这在情感上给莎侬造成了很大的压力和心理伤害。为了缓解自己的痛苦，莎侬就开始喝起了汽油。大约跟一般人喜欢从喝酒或者暴饮暴食中寻求心理慰藉一样，莎侬只不过是将寻常的食物换成了汽油，从喝汽油中找寻温暖。

莎侬在家里给自己准备了好几个塑料的汽油罐，装满汽油，想喝时就喝上几口，不会闹油荒。她还说，在为汽车加油的时候，会把汽油倒在手心里直接喝掉。外出时，她也会带个盛满汽油的水壶，想喝的时候就抿一口。

莎侬每天都要喝汽油，有一年竟然喝掉了五加仑的汽油。莎侬说，自己喝汽油已经上了瘾，汽油的味道酸酸甜甜，还有点刺激性。当自己喝汽油时，一开始喉咙有刺痛感，但自己的心理感觉棒极了。

看到这个故事，估计大家的汗毛都竖起来了。你能想象她的快乐吗？大部分人一定无法接受这种喝汽油的怪癖，感觉怪诞离奇。人们不由得要问，汽油能喝吗？会对身体造成损害吗？据医生介绍，长期饮用汽油，可能导致体内铅含量超标，从而损害神经系统和智力水平，使记忆力和理解力下降。而且患者会对汽油产生依赖性，如果不喝汽油，反而会出现不适，如心情烦躁，容易发怒，产生幻觉等。

心理学家认为，这是一种异食癖。是由于代谢机能紊乱，味觉异常和饮食管理不当引起的一种非常复杂的综合征。患者多具有与普通人吃不一样东西的癖好，如喝汽油的女孩会把汽油当成让自己兴奋的物质来享受。

一般来说，缺铁性贫血是造成异食癖的原因之一，还有可能是由童年时候形成的认知缺陷所导致的。在童年时期，孩子在父母那里得不到自己想要的东西，就用这种吞食异物的方式来自我补偿。而父母可能并没有正确及时地加以引导，只是简单粗暴地进行干涉，反而在某种程度上强化了这类异食行为。另外，父母没有给予孩子足够的关爱和教育，令其经常感到孤单，也可能引发这种异食行为。

异食癖是一种心理失常的强迫行为。一般的异食癖患者性格都比较内向，过分认真，做事追求完美，喜欢钻牛角尖，非常固执和刻板。他们通过吃一些不是食品的东西来进行心理慰藉，借此宣泄自己的负面情绪。这些东西包括头发、黏土、玻璃、铁制品、油漆等。进食了这些物质后，可能会中毒或引发胃肠道疾病，严重影响我们的健康。

在历史上也有过一些类似的记载：古希腊哲学家亚里士多德曾经过度食用雪；现代医学之父希波克拉底则喜欢吃冰；美国佐治亚州的黑人女性喜欢吃高岭土……想想都觉得这真是一个无奇不有的世界。而在书籍《奇症汇》中，也记载了我国古人喜欢喝油的医学案例："有人饮油至五斤方快意，不尔则病。此是发入于胃，气血裹之化为虫也。雄黄半两为末，水调服之，虫自出。"可见，异食癖并不是今天才有的一种现象。那么，应该怎样治疗这一怪癖呢？可以试着从以下几个方面着手。

患者可以通过调整饮食治疗异食癖。中医上认为异食癖属于"疳症""积滞""厌食症"的范畴。一般是因为乳食积滞，损伤脾胃，运化失司所致。因此，患者可以通过健脾益胃、消食导滞来治疗。

患者可以通过补锌治疗异食癖。现在有一些医学专家认为，异食癖是体内缺锌导致的。缺锌会使味觉素减少分泌，而味觉素正是维持口腔黏膜上皮细胞的结构功能和代谢的重要营养素。如果人体缺锌，味觉素不能正常分泌，就可能会导致口腔黏膜上皮细胞增生修复和角化不全，然后上皮细胞脱落，导致味蕾孔被堵塞，使味觉功能减退或者紊乱，导致厌食、异食癖等症状。对于异食癖患者可以采用补锌、补铁的方式进行调节，令其养成良好的饮食习惯，不偏食、不挑食，注意生活和饮食卫生。

患者应重视心理健康，预防强迫症和精神分裂症。当患者出现长期性、持续性的异食癖，有可能会面临身心健康问题时，就有必要就医，让医生通过心理辅导和生理治疗，帮助患者摆脱异食癖。很多异食癖患者在工作和生活中背负着巨大的精神压力，无法正常排解，可能会通过咬指甲、咬嘴唇等强迫动作来缓解自身压力。而文中提到的莎侬就是通过喝汽油来舒缓自己的压力，这些其实都是一种极端的情况。我们可以通过转移生活目标来缓解压力，可以调节一下生活节奏，将奋斗目标进行适当调整，可以让自己转移兴趣点，如争取事业上的成功，或者投身于社区服务，从而得到满足感和成就感，尽快摆脱强迫性异食行为。

患者还可以通过一些简单的小动作来进行情绪舒缓。当想要喝汽油等异食时，患者可以做放松性的深呼吸，通过绵长的吐纳让自身的植物神经系统形成规律性的活动。还可以通过放松肌肉的方式来放松自己，先让肌肉尽量绷紧，坚持一段时间后突然放松，令自己的身心感受到轻松。这样一来，可能就没有那么迫切想要喝汽油或者吃其他不能入口的非食源性东西的冲动了。

总之，我们绝不能让异食癖毁了自己的身心健康。只有通过心理和生理的系统性治疗，异食癖患者才能及早回归平静的生活。

第五节　拔光头发的少女

位列四大天王之一的刘德华曾经做过一个洗发水广告，里面有一段经典的广告词，刘天王深情款款地说道：“我的梦中情人，要有一头乌黑亮丽的秀发。”这句朗朗上口的广告词既说出了男人的审美，也道出了女人的追求。哪个少女不想要拥有一头漂亮的长发，为自己增色添彩呢？

可偏偏就有这样一位少女喜欢拔光头发，这真的让人匪夷所思。英国诺福克郡的一位小姑娘梅·布朗在9岁的时候就开始拔自己的眉毛，后来消停了一段时间。然后在大概11岁的时候，她又开始拔自己的头发。上课的时候也忙着一根根地拔头发，以至于同学们都对她指指点点。于是，她不在公共场所拔头发了，转而在私下继续拔头发的怪诞行为。在她16岁时，头顶已经秃了好几块，头发所剩无几，非常难看。在学校里，她一直忍受着同学们的嘲笑和捉弄。

她曾坦言：“任何事情都能够刺激我拔头发，不管是难搞的学校作文还是失眠，很多时候我甚至意识不到自己在拔头发。”为了掩盖自己头上一块块的秃顶，她尝试过用不同的发饰和发型来掩盖。老师们都嫌她整天戴着帽子，她也从来不敢告诉老师和亲朋好友，只有最亲近的父母家人知道这件事。

现在，她勇敢地站出来，面对自己的这一怪癖，还拍了自己的视频发布在Youtube上，就是为了让社会关注这一罕见的“拔毛癖”，让同样受这种病痛困扰的人们不再默默地承受痛苦。此后，她得到了广大网友的支持，也让大家认识到了拔毛癖的存在和危害。

患有拔毛癖的人会不停地拔掉自己的头发、眼睫毛和眉毛。拔毛癖患者往往借助于镊子、铁夹，或者直接用手强行拔除自己的毛发。一般患者的拔毛位置比较固定，最常见的是拔除头发。一旦长出新的头发后，又会反复拔除，造成头皮上的大片脱发。拔了毛发之后，被拔的部位可能会有一些瘙痒和刺痛，但是患者的内心竟然有一种轻松满足和愉悦之感。

他们喜欢在休息、看书或者做作业时，开始拔毛行为。这种行为会造成毛囊严重损伤，之后毛囊萎缩，只再生一点细软的、扭曲的头发。有的患者还会吃掉自己拔下来的头发，可能会造成身体的一些病症，如腹痛，甚至肠梗阻等。

拔毛癖患者总是反复做这个动作，根本不能克制拔除自己毛发的冲动。早在1889年，拔毛癖这种强迫行为就被报道过，患者会不停地拔除自己的头发、睫毛、鼻毛、眉毛或者体毛等，造成光秃秃的一片。拔毛癖多与心理疾病有关，如抑郁、焦虑、精神分裂症或者强迫性神经官能症等。根据统计，儿童患病率是成人的7倍，女性患病率是男性的2.5倍，大部分患者会选择隐瞒自己患病的事实。

一般来说，青春期少女是拔毛癖的高发人群，多与家庭中父母的性格急躁、消极，跟孩子的交流比较少有关。家长对孩子过于严厉，经常打骂孩子，都有可能影响孩子的心理健康，形成拔毛癖。如果学习压力比较大，经常遭到老师批评，跟同学关系不够融洽，或紧张的时候，常常挠头思考，也有可能把头发拔下来。这种强迫症也有遗传性，如果家族中有强迫症患者，下一代患病的可能性要比普通家庭高 5 ～ 10 倍。

拔毛癖患者的生活看起来似乎比较正常，但他们会产生严重的自卑心理。因为头发被自己拔得光秃秃的，感觉没脸见人，在内心深处就不愿意走到公众场合去，也不愿意参加同学的聚会，总是害怕别人问自己关于头发的问题，担心别人会给自己难堪。当然，他们自己也知道拔头发不好，会通过戴假发、戴帽子、文眉等方法来掩盖自己的这一怪癖，避免给自己造成人际交往方面的困扰。

但这种掩盖不能最终解决问题，关键是要管住自己的手，不再去拔头发。试想一下，头发好不容易长出来，你再去拔下来，脑袋上永远是秃秃的一片，多难看啊！只要你愿意，只要你坚持，这些都是可以解决的。关键是拔毛癖患者不要总是躲在角落里自顾自怜，而是要像梅·布朗那样，勇敢地站出来，勇敢地正视自己的拔毛癖，并且相信自己可以痊愈，这样才有可能早日痊愈。

拔毛癖患者要树立治愈的信心，消除精神上的紧张。安排好工作、学习时间，积极地参加集体活动，转移对疾病的注意力。

患者大多是青少年，所以就需要孩子的父母师长多费心，可以让孩子多参加一些学校的集体活动，将其课余生活安排得丰富多彩。让孩子多跟同学、同龄朋友交流，使其负面情绪有个出口，情绪得到舒缓。这样的努力都是为了让孩子的生活更充实，心理更健康。这样，孩子才不会有过大的压力，不会再去自虐地拔头发。

在患者的康复过程中，父母起到了非常重要的作用。在孩子患上拔毛癖后，家长要及时帮助孩子培养健康的生活方式。让男生剃个“葛优式”的光头，让女生戴上难以摘下的帽子，这样，他们想拔头发也没法拔了，可以帮助他们纠正这个怪习惯。另外，给孩子更多的关爱和陪伴，不要一味地忙着挣钱，简单粗暴地对待孩子的教育。不妨多一点耐心，多一点宽容，多一点爱护，给他们良好的成长空间。这就需要家长的细心和耐心，平时多多留意孩子的言谈举止，当发现孩子出现拔毛癖时，要及时帮助他们改正，好将这一怪癖扼杀在摇篮之中，避免将来有更多更坏的影响和困扰。当然，这也是比较困难的，需要父母倾注更多的爱与关怀，因为即使孩子有了拔毛癖，父母也不一定能够在第一时间内发现，他们总是隐藏得很好，即使对自己的父母也不例外。

如果病情很严重，则需要及时就医。通过心理医生的教育引导和行为疗法相结合来加以治疗。例如，在手腕上戴一个橡皮筋，如果拔毛冲动出现，就弹橡皮筋，感到疼痛并数数，直到这个冲动消失，可以用这种疼痛疗法来进行自我控制，当然，这需要比较长的时间。同时，可以适当服用抗焦虑类的药物来改善焦虑的情绪，增强治疗的信心。一般来说，3 个月之后，拔毛癖的冲动能基本得到控制。即使偶尔会有复发状况，经过持续治疗，基本能恢复正常，令毛发正常生长。

我们衷心希望每一位拔毛癖患者都能长出乌黑浓密的头发，每一个少男少女都能再次美丽起来。他们也能和其他人一样，摘掉碍眼的帽子，扔掉丑陋的假发，全身心地融入学校的集体生活中去。

第五章

不自觉的控制欲

第一节　以爱之名的控制

爱，是人类最美丽的语言。我们每个人都在爱与被爱中生活着，爱是我们心中永恒而美好的话题。爱更是一种能力，并不是简单地给予、要求，需要我们不断地累积和努力才能真正掌握。

我们的爱有时会成为我们所爱之人的束缚和枷锁。他们在我们这里感受到的不是爱，而是爱带来的压抑和窒息。我们那种以爱之名的控制主要体现在恋人之间、夫妻之间、父母和子女之间。我们总是希望他们能够按照自己希望的那样去满足自己，全然不顾他们到底是不是愿意，是不是快乐，仅仅是用爱的名义控制他们的发展，并没有尊重他们的心声和意愿。

恋人之间，本来应该是因为爱才走到一起，因为爱才相互支持和共同成长。但是有的人却用爱之名控制对方，因为他那泛滥的爱，让对方失去自由，成为爱情里的囚犯。“离开几天？”“去哪里？”“要干什么？”“什么时候回来？”一遍一遍地盘问着对方，想要精确掌握他的行踪，让对方感觉似乎在服无期徒刑。更有甚者，将对方的经济大权牢牢地掌握在自己手里，致使对方即使有较高的收入，也不能完全支配自己的财富，想要请客，都倍感囊中羞涩。有些人会用爱的名义要求对方："如果爱我，就照顾我的生活""如果爱我，就买个大房子""如果爱我，就要记得我的生日"，等等。反复提出诸如此类的要求。爱已经变了质，成为带有很多附加条件的失去本真的爱。

古往今来，因为以爱之名的控制而分道扬镳的恋人、夫妻不在少数。李敖和胡因梦曾经是一对才子佳人。一个是个性独特的才子，一个是千娇百媚的美人，1980 年 5 月 6 日，两人结婚，一度被传为佳话。可惜好景不长，两人的婚姻仅仅维持了三个多月。

胡因梦写过一本关于自己婚姻的自传书。在书中她大胆披露，和李敖在一起生活不久，自己就患上了焦虑症。因为她在结婚后"深刻感受到李敖的封闭和专横，还有他的洁癖、苛求、神经过敏"。李敖那种强烈的控制欲导致了胡因梦精神上的焦虑，最后两人因为分歧而分手。胡因梦说，李敖有"绿帽恐惧症"。有一次因为她出去慢跑了一个小时，李敖就很不开心，认为胡因梦在路上和男人眉来眼去，不允许她再出去跑步。生活中的种种细节，都能感到李敖强大的控制力，致使婚姻难以为继。在两人离婚后，胡因梦却因此转而内省，找到自己的价值，活出更精彩的自己。

天下的父母没有不爱自己的孩子的，他们总想把最好的东西留给孩子，全身心地关怀孩子，但遗憾的是，有些父母的做法却令孩子感到窒息。我们经常可以听到父母这样对孩子说："我不让你这样做，都是为了你好，你长大以后就会理解了""你要多吃点这个，这都是为了你的身体""你要好好学习，这样才不辜负我对你的爱”……父母让孩子做事情时，总是冠上爱他们的名号，从来不管是不是侵害了他们的隐私，是不是给了他们太多的压力，他们能不能承受得起这样沉重的爱？

张爱玲在《金锁记》和《沉香屑·第二炉香》中形象地刻画了两个充满控制欲的母亲的形象——曹七巧和密秋儿夫人。曹七巧年轻时候就让她爱的人避之不及，到了孩子长大后，她逼着儿子吸食鸦片，逼着女儿做了她的翻版。她把孩子的人生紧紧攥在手里，用自己的方式控制着孩子的喜怒哀乐和整个人生。直到她认为儿子和女儿都不会偏离她的设想，已经走向了毁灭，她才安心地离开了这个世界。而密秋儿夫人则更胜一筹，她处心积虑地把女儿教育成思想上的白痴，没有给女儿任何性教育就让她结婚。女儿理所当然地因为恐惧回到她的身边时，她却带着孩子到处诉苦，逼死了女婿，也逼死了女儿的心。她所做的这一切，都是为了把女儿牢牢地捆在自己的身边。

当然，曹七巧和密秋儿夫人的例子都是一种极端的文学创作，但这种父母对于孩子的控制却是在我们的生活中司空见惯的一幕。我们每个人可能都有着一定的控制欲，希望事情能够按照自己的计划进行下去。而我们希望控制住的那些人，往往都是深爱我们的人，也是我们深爱的人。他们爱你，所以会愿意按照你的意愿去做，顺从你，一旦他们没有按照你说的去做，可能就会令你满心烦躁、抱怨不休。

要知道，以爱之名的控制只会伤害我们所爱的人，毁掉曾经美好、平和、快乐的时光。一般来说，控制欲是一种弱者心理。他们正是为了安抚自己的焦灼不安，才利用威胁、诱惑和奖励等方式来控制别人。比如，一直抓住所爱之人过去的错误不放，让他感到内疚，或者对他千般万般好，一旦他做了错事，就拿这些来质疑他辜负自己，让他有深深的负罪感。这样的做法只会伤害彼此的关系，即使亡羊补牢也无济于事。拥有控制欲的人内心是痛苦紧张的，时刻有不安全感，他们控制所爱的人也只是想要寻求心理上的安全而已。

成熟而健康的爱，是让所爱之人因为你的爱而快乐。扔掉你的批评，丢掉你的挑剔，只是单纯地关心、爱护所爱之人。这样的相处模式，才能构建出美好的爱与被爱的融洽关系。

适当对孩子放手。充满控制欲的爱只会给孩子压力，造成更多的问题。我们不要再以爱为借口来替孩子做决定，决定他们要做什么，不要做什么，让他们完全没有自由地活在父母的阴影之下。你要懂得，孩子们的人生需要他们自己去走。正面表达你对孩子的期待，耐心引导孩子，在给孩子提出建议和批评之前，多花一点时间，多一些耐心，再多一点尊重，听一听孩子的意见，放下手中锋利的雕刻刀。只有以身作则地教会孩子尊重、负责任和真诚，孩子才能有足够的动力和勇气发展得更好。

对爱人有所期待，但不控制。打开自己的心门，坦然接受生活赋予的一切。控制好自己的情绪，就是对自己的生活负责。学会爱自己，学会用爱来填满自己的心房，改变“控制别人就会快乐”的思维模式。不要坚持你所谓的爱，就不会有与事实和设想不符的心理落差，更不会有郁闷的心情。当你做到淡定与坦然时，你会惊喜地发现，自己心情变好了，也不爱钻牛角尖了，和爱人的关系更和谐了，生活得更舒服了，人生也更美好了。

爱是一门艺术，需要我们长久地修行才能掌握。我们爱自己、爱家人、爱子女、爱世界，应是一种单纯且高尚的爱，而不是用爱的名义来绑架所爱之人。就让他们为自己而活、用自己最想要的方式健康地发展和成长吧！

第二节　生闷气，常压抑

生闷气对身体和心理没有半点好处，生闷气就是跟自己过不去，是一种自我折磨。气愤的情绪会产生攻击行为，有的人向外发作，有的人向内发作，向外会让身边的人遭殃，向内就成了自己生闷气。而一旦这种处理气愤情绪的模式形成，就很难加以改变了。

心理学上认为，人之所以喜欢生闷气，是因为现实的事情没有按照自己预想的轨迹发展，感到焦躁。而这个闷气可能跟别人无关，仅仅因为事态发展的轨迹不如自己意；也可能是跟身边的人有关，因为他们没有按照自己的预想去说、去做。这种时候，当你在乎别人时，就要让他知道你的感受和心情，也许他会因此而改变一些言行；当你感受郁闷时，可以检讨一下自己，看看是不是自己在沟通交流上存在问题；当错误确实在别人身上，你无法左右事情的发展方向时，也千万不要生闷气，既然你改变不了别人，就先改变自己。此外，做人也不要太自我，事物的发展总是具有两面性，你认为不好的结果未必真的不好，要懂得“塞翁失马，焉知非福”的道理。总之，不要用生闷气的方法来惩罚自己，不要让自己成为那么奇怪的一类人，用别人的是是非非来苛责自己，用生闷气的方法来虐待自己。

晚清时代的风云人物曾国藩，是一代股肱之臣，他写的家书流传至今。曾国藩曾经有一句励志名言，叫“打落牙齿和血吞”。从这句话我们可以看出，他本身是一个非常隐忍的人，受了委屈，会忍下这一口气，然后发愤图强，为自己争一口气。但同时，这其实也是在积累情绪垃圾，埋头生闷气。

曾国藩经常生闷气，情绪郁结其中，只能通过写家书排解。曾国藩的母亲“好为自强之语”，性格要强，生过不少闷气；他的父亲性格懦弱，经常被祖父训斥，也经常生闷气；而曾国藩比自己的父母在生闷气方面有过之而无不及。这在他的家书中有多处体现——在1854年11月27日的日记中，他这样写道：“吾自服官及今年办理军务，中心常多郁屈不平之端，每效母亲大人指腹示儿女曰：‘此中蓄积多少闲气，无处发泄。’”而在写给弟弟的家书中他也这样说过：“困心横虑，正是磨炼英雄，玉汝于成。李申夫尝谓余怄气从不说出，一味忍耐，徐图自强。因引谚曰：‘好汉打脱牙和血吞。’此二语，是余生平咬牙立志之诀。余庚戌辛亥间，为京师权贵所唾骂；癸丑甲寅，为长沙所唾骂；乙卯丙辰，为江西所唾骂；以及岳州之败，靖港之败，湖口之败，盖打脱牙之时多矣，无一次不和血吞之。”怄气了从不说出，只是一味忍耐，闷气生得那叫一个压抑。所以，曾国藩的家书正是他的宣泄渠道，将他的闷气通过文字疏通出来。一方面化解了闷气，另一方面也注入了正能量，训导了家族后辈，变成了家人乃至现在很多人的精神财富，也实现了自我教育，使个人的写作功力有所提升。

生闷气会让我们心情烦躁，这种不快乐的负面情绪对我们的身体具有强大的破坏力。生气是百病之源，长期生闷气，不仅伤害自己，也伤害别人。我们会因为生气伤脑，大脑中枢受到刺激，造成脑溢血；因为生气神志恍惚；因为生气颜面憔悴；因为生气内分泌失调；因为生气胃肠消化功能紊乱……整天郁郁寡欢下去，会使你身边的气场低沉，很难再以阳光的心态维系朋友。

心理学家认为，性格内向的人更爱生闷气。他们往往患得患失，遇到不开心的事情就会郁积于心，不愿意向人吐露，困于焦虑、苦闷的情绪中不能自拔。而长期生闷气的人也会形成一种温暾水的性格，给人感觉做事拖拖拉拉，不爽气，也没有朝气。

所以，我们要懂得自我调节、自我解脱，将盲目的抱怨从思绪中清除。少生闷气，身心才能更健康。最直接的办法就是将心中的情绪释放出来，不闷着头生气；而从长远来看，只有淡薄处事、拓宽心胸，才能永远开心快乐。

积极扩大社交圈。不要总是宅在自己的狭窄天地里，走出你自己的小窝，多去跟同事、朋友交流，将自己融入集体中去。化身为集体的一名积极分子，与大家一起分享活动，一起快乐，你会获得归属感和安全感。当你有了苦恼时，也可以找一些倾诉伙伴，可以告诉家人、朋友、邻居，他们大多会愿意聆听你的心声。一旦你将感情释放了出来，就不会再生闷气了。

广泛汲取知识。培根说过，知识就是力量。知识可以给我们力量，给我们智慧，带给我们无穷的乐趣。心情不好的时候，可以捧卷阅读，沉浸在广博的知识海洋里，我们就会淡忘凡尘俗世中的那一点点哀愁。同时，通过不断地读书、实践，我们的精神境界也会不断地得到提升，心灵站在高处，才能消除忧愁，获得快乐。

善于调适情绪。适当转移自己的注意力。当你生闷气时，心里老想着这个事情，闷气可能越来越重。这个时候你可以尝试一下转移注意力，“三十六计，走为上计”，离开令你郁闷的空间，看场电影，听听音乐，或者去公园跑跑步，让愉快的信息进入你的大脑，就会抑制住这种消极的情绪，闷气自然也就无影无踪了。而且，我们要明白，现实和想象总是会有差距的，合理调整对现实的期待，就可以减少失落，少生闷气了。

最重要的一点是放宽心胸。不要太以自我为中心，时常想一想自己可以为别人做点什么，用自己的光和热去温暖身边的人。当你放下对于个人欲望的追求时，你会发现，一件简单的助人为乐的小事也可以让你很快乐。而这种快乐往往会使我们豁达坚强，即使身处于恶劣的环境之中也可以很积极、很阳光。

为了自己的身体健康，为了身边人的快乐幸福，我们需要将心中的闷气疏解出来。只有开阔心胸，扩大交际，适当调适，充实自己，才能更好地控制情绪，才能避免闷气伤害我们的身心，更好地拥抱五彩斑斓的生活。

第三节　说谎是为了操控他人

小的时候，我们都读过《狼来了》的故事：放羊的小孩儿在山上一次次地谎称“狼来了”，一次次地戏弄山下的人们，结果当狼真的来了，却再没有人肯相信他，也没有人来帮助他了。历史课上，我们也学过“烽火戏诸侯”的故事：昏庸的周幽王为了博美人一笑，一次次地点燃烽火台谎报军情。诸侯被戏弄了多次之后，等到犬戎真的来了，却再也等不到援兵，西周也就此灭亡了。

不妨问一问自己，你有没有说过谎？客观地回忆一下会发现，我们其实都多少说过一些谎话。马克·吐温曾经说过：“没人能够忍受与惯于坦率直言的人生活在一起，不过谢天谢地，我们谁都不是非得如此。”有时候，出于自我保护的心理，我们可能会编织一些善意的谎言来隐瞒事情的真相；有时候，我们也会做一些恶作剧，撒个小谎去戏弄一下别人；有时候，为了吸引别人的注意，我们会竭尽所能地夸耀、表现自己；还有时候，我们会因为一些迫不得已的原因而必须说谎，以此来避开那些痛苦不堪的记忆……尽管如此，我们正常人的说谎频率还是比较低的，不到万不得已，没有人愿意违背自己的良心，凭空地编出一些谎话来。

可是，你能想象一个人每天都生活在谎言之中吗？不要奇怪，世界上真的有这样一种人存在，他们说谎成瘾，一会儿不说谎就心里难受。这种说谎成瘾，就是一种另类的怪癖。不管需不需要说谎，他们都会选择说谎，甚至会故意编造谎言骗别人相信。而一旦别人相信了他的谎言，他就会沾沾自喜，内心感到无比的愉悦，收获一种满足感。

这就是谎言癖患者，他们是在以欺骗的行为来达到自己精神上的愉悦。这种人的生活一般都具有一定的表演性，在和别人交往的过程中时常喜欢撒个小谎，严重者会做出欺诈、诈骗行为。有的人甚至因为说谎时间太长或者太过频繁，对自己和别人都造成了伤害，这其实已经成了一种彻头彻尾的病态心理。

心理学上认为，谎言癖患者一般不能控制自己的说谎行为，说谎已经成了他们生活中非常自然的行为。他们说谎并不是为了追求经济利益，也不是为了获取商业机密，只是为了满足自己的变态心理。他们只要不说谎，心里就会非常难受。谎言在他们那里，不是为了起掩饰的作用，仅仅是为了令自己愉悦。对于这些人来说，即使自己的谎言被拆穿，也不会有所收敛，倍感羞赧，而是依然我行我素，乐此不疲。

谎言癖患者的谎言具有一定的持续性，事情不管大小轻重，他们都会习惯性地说谎。而这些谎言中也充满了想象力，其中的细节、对话和内心独白都非常具体。他们以为自己的谎言也展现了他们在智力上高人一等，别人一旦信以为真，他们就会充满成就感。他们就这样长期处于自己构造的谎言时空中，甚至会误认为自己的谎言就是事实，即使遭人揭穿也毫无悔意。

很多时候，我们的行为会受限于成长环境中的各种因素，并不是自己所能独立掌控的。当我们受到压力或者欲望驱使的时候，可能会越发脱离自我控制，甚至可能出现与自己的原则和信念相背离的行为，此时，谎言可以掩饰这一切。

谎言癖的形成，归根到底，还是因为童年时代的阴影。有可能是在家中不受宠爱，没有得到过父母的保护，或者经常遭受父母的责骂和暴力对待，而家长采取体罚、粗暴、冷漠等多种不合适的教育方式，也会令孩子的压力过大。此外，父母关系长期不和，也会使孩子的童年时代缺乏安全感，为了应对强大而粗暴的家长，自发地形成了说谎的防御机制——通过欺骗来获取暂时的安全。当这种说谎模式根植于内心深处，带入成年阶段后，其负面影响就会一一显现出来。

谎言癖患者不停地说谎，最后只会失去所有的朋友和亲人。而那些被欺骗过的人则可能会经受心理创伤，降低自我价值感，导致沮丧、失落的负面情绪蔓延开来，成为负能量的传播者，令朋友和亲人唯恐避之不及。

如果我们身边有谎言癖患者，一定要警惕，不要轻信他的话。同时，他们自己也很可怜，值得人们同情，我们应该给予他们更多的理解和宽容，督促他们尽快就医，早日恢复正常的生活。

谎言癖患者的好转需要时间。谎言癖患者的治疗无疑是一个漫长的过程，如果病情严重，即使是参加了系统正规的心理治疗，可能也需要数年的时间才能恢复，同时，还需要周围环境的不断改善。此时，患者的家人、朋友在不轻信患者所说内容的同时，也要对他施以援手，提供不离不弃的陪伴，利用简单的方法来帮助他，赞扬、肯定他说真话的行为，让他能够得到心理上的安慰，从而减少说谎的次数。

正确认识说谎的危害。诚信是我们整个社会发展的基石，诚信正是我们所鼓励和支持的。但因为现在人们的浮躁和急功近利，随时都有可能会说谎，这种行为不能一味地被鼓励和放纵。每个人都应该正确认识说谎的危害，说谎不仅会影响自己的生活，还可能会影响到身边人的利益。只有逐渐培养正确的人生观，努力变成更优秀的自己，才能得到社会的认同。当身边有谎言癖患者时，我们要把他当作病人来看待，适当降低对他的要求，并希望他接受心理治疗，尽快康复。如果自己受到了心理创伤，出现了谎言癖的倾向，也要及时地寻医问诊，加以克服。

用认知疗法正向引导患者。谎言癖患者本人可以通过认知疗法分析现实情况，还可以使用内观疗法时刻反省自己，倾听自己的心声。必须深刻认识到说谎是人人都不喜欢的行为，自己不能一直生活在谎言之中。

美国总统林肯曾经说过："你可以一时欺骗所有人，也可以永远欺骗某些人，但不可能永远欺骗所有人。"所以，摒弃那些虚伪的谎言吧！我们可以贫穷平庸，也可以懵懂无知，唯一不能做的就是掩盖事情的真相。请别对任何人说谎了，做真实勇敢的自己，坦然地面对生活，才能最终收获快乐的人生。

第四节　越暴力，越脆弱

基米（Kimi），“疯狂英语”的创始人李阳的美国妻子，曾于2011年8月在短时间内于微博平台上发布了许多她在遭受家庭暴力后的照片：耳朵、膝盖、脸、身体的很多部位都有伤，那些渗血的皮肤、鼓起的脓包都在赤裸裸地告诉我们李阳的暴力有多疯狂。

看到这些照片，听着Kimi的血泪控诉，所有人都愤怒了。可李阳却跟没事人一般，照常工作，甚至在实施家庭暴力后还去给许多妈妈讲课，分享自己的家庭教育模式，徒留他的妻子和孩子在经受精神和身体的双重折磨后抱头痛哭。

Kimi终于不堪忍受这种非人的虐待而提出了离婚。这起离婚案前后历时一年多，终于在2013年2月有了结果——两人离婚，李阳向妻子支付精神损害抚慰金5万元、财产折价款1200万元。

很多人极为费解，李阳表面上看着风光无限，头顶着教育家、成功学专家、名人等诸多光环，有无数的年轻人一直崇拜着他、追随着他。他事业上可以说是顺风顺水，也是大学、媒体的宠儿。在外人看来，他似乎总是趾高气扬、信心满满、精力充沛的，而事实上，生活、工作也给了他巨大的压力，他的内心深处其实异常脆弱，始终恐惧失败，觉得自己没有得到过真正的成功。李阳会选择通过暴力来宣泄自己的恐惧，在家中残忍施暴、恣意妄为，以维护自己那脆弱的自尊。

李阳在一次访谈节目中也曾经提到过自己有点自卑，非常在意别人的看法，不能给予别人完全的信赖，总是要求他人按照自己的命令行事，希望自己的能量可以影响每个人，但这是不可能实现的。他也非常在意小事情，经常被人形容为“钻牛角尖”，还有点完美主义的倾向，过于吹毛求疵，对所有的事情都要求十全十美，这种神经质的人格也使他脾气暴躁、操心过度。

当我们打开书本，会在很多作家的纪实小说中读到层出不穷的暴力事件；当我们点开网页，会在浩瀚的互联网中遭遇目不暇接的暴力事件；当我们行走在街头巷尾时，也许还会看到几个人因为三言两语不和，就要争吵动粗……我们不由得疑惑起来了：这个世界到底怎么了？我们到底怎么了？

其实暴力一直尾随着我们，只是我们自己没有意识到而已。阿马蒂亚·森说：“暴力往往孕育于这样一种认知，即我们不可避免地属于某种所谓唯一的——并且往往是好斗的身份，该身份可不容置疑地向我们提出极其广泛的要求。”

暴力是非常可怕的，我们的老祖宗早就知道这一点，所以古书上有云：“不战而屈人之兵”，这是文化积淀的智慧。而由于暴力的破坏性太大，往往会伤及无辜，也常常会招致无穷无尽的“冤冤相报”。

那么，我们为什么会有暴力倾向，选择用暴力来解决问题呢？这还要追根溯源，向我们的内心世界寻求答案。墨西哥国立自治大学的一项心理学研究表明，通过对具有暴力行为的犯罪分子做调查，再从心理学角度看，敌视心理、大脑受损、童年时代的身心摧残这三个因素决定了人的暴力倾向，也正是这些因素影响了人的心理的脆弱程度。

弗洛伊德认为，人类生下来就容易受到内心的攻击能量的影响，必须在负面能量爆发之前对其加以释放和排解。不然，如果承受不住如此沉重的压力和负担，可能会造成更严重的后果。

其实，我们之所以有暴力行为，是受到很多因素影响的。一方面是对现实的不满而产生藐视心理，过分激烈的竞争让我们容易产生失败的沮丧感和被淘汰的恐慌感；另一方面是在家庭中，父母和子女之间没有温馨而深刻的情感交流。不当的教养方式，如溺爱、严苛等都会让子女形成不健康的性格，如爱嫉妒、残忍等。

2004 年轰动全国的马加爵案就是如此，他因为一点面子问题而连续伤害四位朝夕相处的同学，让所有人大跌眼镜。表面上看，仅仅是同学之间简单的几句口角，仅仅因为同学说了几句话刺激到了马加爵，对自尊心极高而又极度自卑的马加爵造成了毁灭性的打击，令他彻底地崩溃了。于是，他将心中的郁闷完全释放和发泄出来，十分严密而又冷酷地执行了他的杀人计划。案发后，马加爵自己也受到了法律的制裁。但可惜的是，五个年轻人的命运就此终结，这是一个我们都不愿意看到的悲剧结局。如果我们能够及时从深层次看到“马加爵们”内心的脆弱，如果有校内心理辅导老师等专业人士能够帮他们进行科学的心理健康疏导，也许就不会有这样的悲剧发生了。可惜的是，我们都太过于关注自身的生理健康，而很少考虑我们的心理是否健康，是否足够强大。

学会自我调控情绪。我们的内心世界是丰富多变的，对于外界的刺激有不同的情绪反应，很难有稳定的情绪状态。我们所要做的就是调节自己的负面情绪。因为在负面情绪的影响下，我们会容易冲动，容易失去理智，容易做出令自己后悔莫及的愚蠢行为。我们必须要学会释放心中压抑的情绪，学会自我调节，学会做阳光健康的自己。

学会正确面对挫折。人生不是一帆风顺的，我们在前行的过程中总会有无法克服或者我们自认为不能克服的困难。此时，我们要正确认识困难，尤其是克服因为不能自我满足而产生的消极心理。要对挫折有正确的认识，不能因为自己单薄的阅历、浅薄的认识以及脆弱的心理承受能力而产生错误的归因，不去寻找合适的方法解决问题，反而让负面情绪支配了自身的暴力行为。学会正确地看待挫折，学会正确地看待失败，才能理智地承受挫折带来的影响。

学会处理人际关系。我们每个人都不是一座孤岛。在与人交往中，不良的行为策略往往会导致不良的后果。而在男性中，暴力攻击的冲突状况更为多见。不如用更宽容的眼睛看待周遭的世界，用更期待的心情迎接美好的明天，用更包容的胸怀接纳每一个人，也许唯有如此，我们才能收获快乐、简单的人际关系。

暴力癖患者会用最简单直接的方法，看似解决了一些问题，但是后患无穷，让自己陷入心理暴力的怪圈无法自拔。我们要想快乐无忧，就必须摒弃暴力，让自己更加坚强，心理防线才不会被轻易击垮。

第五节　出口之言皆批评

只要你仔细观察，就会发现，充满控制欲的人无处不在。他们总会一针见血地指出对方的缺点或者错误，而且说话毫不客气；有时候他们也会忍耐不满，但憋到最后可能还是把控不住，铺天盖地地批评和指责别人；他们会以“为你好”的理由，一而再再而三地说服你，直到你屈服、顺从；他们会习惯性地批判别人的行为，有时候拐弯抹角，有时候则快人快语，用这种带有压力的方式来试图改变对方；他们经常会提供建设性的批评和建议给别人，仅仅为了令别人配合自己心中的目标和进度……

他们有可能是你的家人、朋友或者同事，会经常按照自己的思路来要求你做一些事情，一旦你没有做到，直白的批评就会脱口而出。这时你会觉得，他们有成为控制狂人的倾向。这个时候就要加倍小心了，虽然说忠言逆耳，但是过多的批评和指责只会使你们失去彼此的爱，消耗彼此的耐心。

莉莉现在就有点难以忍受自己的男友了。莉莉前一段时间跟他说过一次，自己想用业余时间学习古筝，男友就开始用玩世不恭的态度批评她异想天开，美其名曰“不要浪费时间”，说与其学什么古筝，还不如去上健身、瑜伽之类的课程。莉莉今天想让男友和她一起去参加同学聚餐，谁料他果断地拒绝了，还批评她“跟同学瞎混什么”，并把莉莉的每个业余生活丰富的同学都点评了一遍，认为他们全部一无是处。莉莉跟男友诉说工作上的委屈，明明是同事不对，结果男友却批评莉莉没有主见，不能独当一面，还哭哭啼啼，成何体统……莉莉现在开始犹豫了，这个男人真的是曾经那么爱自己的那个男友吗？为什么除了批评之言，再无其他？真的是自己不够好吗？她迷茫了，甚至产生了强烈的自我怀疑。

其实都不是！莉莉的男友过于强势地控制了莉莉，只是想要莉莉按照他的安排去生活和工作，不喜欢她自作主张地去做一些自己觉得毫无意义的事情。但这种爱的批评已经让莉莉失去了对爱的信心，也完全超出了她的忍耐底线。就这样，莉莉在这段恋爱关系中日渐窒息，失去了自由。

控制欲是人的一种本能，因为人从根本上来说是孤独的存在，控制欲可以应对内心的恐惧，就像妻子控制老公的行踪，母亲控制子女的成长，领导控制下属的行动一样。控制欲是一种弱者的行为，是为了安慰自己的焦虑不安。这不过是控制者自己的心理需求，并不能真正地控制事态的发展，因为没有人可以真正地被长长久久地控制住。而控制者本身的内心世界也是极其痛苦的，他会随着控制度的强弱变化，而感到紧张、恐惧、难过；他们会永远处于不安之中，无法战胜内心的危机。

人们会产生较强的控制欲，有很多方面的原因。有可能是因为文化习俗的差异，也有可能是因为不同的宗教信仰，然而更深层次的原因是深藏在我们潜意识中的控制力量。这种冲动的原动力是无法抑制的，会让人失去理智，只想控制别人。控制狂其实算不上人格障碍，只是在他们的成长过程中缺失了一部分安全感。

控制欲强的人不会考虑你的内心想法，也不想真正地了解你，更不会听你的解释，他们只会站在自己的角度肆无忌惮地批评你、指责你，甚至羞辱你。对于你来讲，这简直就是一场噩梦：你没有办法反驳他们，在他们的强势攻击下，你的个性被抹杀了，你感到筋疲力尽，经受着身心的双重折磨。

我们要明晰控制欲和说服力的差异，不随意猜忌和怀疑别人。另外，客观判断自己的个性是否优柔寡断、依赖性强、敏感冲动，这样的性格容易被控制。一个人如果能够确定自我价值，就不容易受到别人的影响。对于那些有控制欲的身边人，我们要抱着友善、亲近的态度来对待。保持开放的心态和冷静的处理方式，积极平衡与他们之间的关系，做到进退有度、游刃有余。控制狂的批评有时候是不理性的，因为他们对自己往往缺乏自信，没办法让自己更快乐和自信，所以，他们会将自己的快乐建立在控制别人的基础之上。对于有控制狂倾向的人来说，应该努力地改变自己想要控制一切的冲动，不要把自己的期望全部投射在别人身上。

合理调整对别人的期望。不要用自己的标准去要求别人，这样会徒增烦恼。控制欲强的人往往喜欢改变别人，站在更高的位置去同情和施舍别人，将对方改造成自己想要的样子。这种“善意的动机”可能就是插在对方心尖上的一把刀，反而伤害了对方。

所以，请控制欲强的人及时调整对别人的不切实际的期望，关心对方，而不是运用所谓的批评去改造对方。

放弃控制欲望。对于有控制欲的人来说，如何把握自己内心的控制欲望，是一个难题。不要找借口为自己辩解，请认真地进行自我反省，了解自我，认清现实，做到客观自然，就事论事。找到自己想要控制的人了解情况，自己的控制欲望到底给他们带来了什么，是不是伤害了他们，或者阻碍了他们的进步？如果是，那就尝试着改变自己，学着换一个角度看问题、看世界，或许能柳暗花明又一村。深刻把握内心深处的情感，到底是不安、恐惧还是别的心理让自己成为控制狂人的。最后，让自己变得更有深度和远见，你才能不再狭隘地只顾对别人指手画脚。

不要随意批评别人。人非圣贤，孰能无过。不管是不小心犯下的错误，还是因为好奇心理带来的麻烦，控制欲强的人都应该秉持着理解、鼓励的原则，不随意批评别人。对于别人的错误，首先要理解别人受伤的内心，适当安慰对方，而不是不分青红皂白、劈头盖脸地批评和吼叫。同情别人内心的恐惧，批评只会进一步伤害对方已经脆弱的心灵，唯有安慰才能给他希冀。可以为他们提供正确的建议，而不是一味地批评。对于别人因好奇而产生的错误，也不要大呼小叫，应宽容地接纳。鼓励他们的探索精神，保护他们的探索勇气，不要因为一次失败就不停地进行批评说教，也不要用自己的思路和想法来束缚别人，应让他们自己在错误中不断地成长。

要知道，“病从口入，祸从口出”。控制欲强的人不要张口就批评别人，这样往往会在无意中伤害身边人，也影响了自己的人际关系，甚至置己身于危机之中。切记管住自己的嘴巴，不要乱说话，不要乱批评，不要乱建议，保持平和的情绪，切莫为一时快意，而造成终身的遗憾。

第六节　“醋坛子”的控制欲

不论男女，为了保护自己的爱情不受侵犯，都会表现出吃醋的状态，这是爱的表现，有时候也是男女之间感情的调剂品。但是如果这种感情过于强烈，可能会产生强烈的占有欲和控制欲，让对方在爱情中动弹不得，失去自我，失去自由。如果这种嫉妒和控制的心理太过强大，可能是因为对彼此的感情缺乏足够的自信。自己醋意横生时，会因为这种负面情绪做出平时难以理解的事情来，甚至因此失去更多。有些人甚至不惜一切办法将爱人留在自己的身边，不让爱人接触别的异性，甚至变本加厉地折磨爱人，不择手段地侵犯爱人的隐私，从不去考虑爱人的意愿。最后，往往事与愿违，爱人会因为受不了这种没有空间的爱情而提出分手，更快地离他而去。结果，这些乱吃醋的人因为过度干涉对方，反而得不到自己想要的结果，要么是陷入痛苦不能自拔，要么是惶惶不可终日。

有的人在爱情中醋意十足，只要发现对方走神，立马打翻醋缸，酸水外流，上升到理论高度，甚至寻死觅活，让对方身败名裂。最后，因为这番无理取闹，造成了两个人之间无法挽回的结局。还有的人在爱情中天天都要吃点醋，动不动就冒酸水，变着法儿地吃醋，不是沉默，就是流泪不止，或者言语要挟，只是为了让对方就范。但这种做法只会让对方酸得牙倒胃痛，只想逃之夭夭。从此以后再也看不到，也欣赏不来你的魅力了。更有的人吃起醋来不分场合，随时随地都能发"醋疯"，而且总是大肆宣扬，让彼此都下不来台，尴尬不已。这样的做法不仅让自己很没面子，也让对方灰头土脸，还给了外人嚼舌根的可乘之机。

在爱情面前要自信。只有对自己自信，对彼此的感情自信，对两个人能够坚定地共度一生自信，才能在面对对方跟其他异性的正常交往时坦然淡定。不会大惊小怪，也不会刻意控制，更不会横加干涉，双方都能在爱中寻找到自我，充分享受彼此的爱慕和关照。要知道，与其徒劳地生闷气喝干醋，倒不如行动起来，提升自己。千万不要因为对方跟异性正常交往，就胡搅蛮缠；也不要因为对方跟异性吃个饭，就大发雷霆；更不要因为对方送异性礼物，就指责抱怨。心平气和地沟通交流，才能解除误会，才能身心交融。

给爱情相对的自由。不要因为自己过分的控制欲而毁掉一段完美的爱情，不要因为无中生有的事而无端怀疑爱人，不要因为鸡毛蒜皮的小事而消磨了彼此的感情。理性地对待自己的情感，适当地控制自己的嫉妒和吃醋心理。爱情不是控制对方的理由，爱情需要自由，自由的爱情会更加美好和甘甜。试着尊重爱人的选择，即使爱人和异性交流沟通，也不代表不爱你。只有做更好的自己，才能让对方更加爱你。

控制嫉妒心理。吃醋当然就会产生嫉妒心理，而嫉妒恰恰又是爱情痛苦的根源。当你爱上一个人的时候，不要因为吃醋而嫉妒，那会扭曲你的内心世界，因为“嫉妒这恶魔总是暗暗地、悄悄地毁掉人间的好东西”。这种消极心理，会直接影响你的情绪和理智，让你不能够客观真实地对待感情。有些人在吃醋时可能会说一些痴言痴语、冷言冷语来表达自己的不满和嫉妒，这是不妥当的，也是不明智的。嫉妒不仅会影响你和爱人之间的关系，还会致使你的心理逐步走向亚健康，甚至造成心理失调。

为爱情而吃醋，并不是一件多么过分的事情，有时对于沉浸在爱情关系中的另一个人来说，这还是一件幸福的事情。在爱情面前，没有人能一直大大方方，毫不吃醋，但是也要控制好尺度，不能乱吃醋。我们要学会舒服、快乐、甜蜜地吃醋，在感情中有所为，有所不为，这样两个人才能开心快乐，爱情才会天长地久。

第六章

怪癖是从小养成的

第一节　“坏小子”的致命诱惑

《安娜·卡列尼娜》中的安娜不喜欢一本正经的卡列宁，而痴迷花花公子渥伦斯基；风靡中国的韩剧女主角也大都婉拒成熟稳重的“男二”，却痴迷玩世不恭、不求上进的“坏小子”……每次看到这类情节，读者、观众们的心底总是会为“好男人”叫屈，不禁发出一声“男人不坏，女人不爱”的哀叹。

“男人不坏，女人不爱”这句话其实本无道理。可在现实社会中，的确有些“坏小子”能够更快地得到爱情。如果只有一两个例子倒也罢了，并不足以引起人们的感慨，但当身边的这种事情渐渐发生得多了，人们也就顺理成章地把这句“男人不坏，女人不爱”当成了“真理”，挂在嘴边，好像男人们只有先懂得学坏，然后才能得到姑娘们的青睐。这种看似反常的现象也似乎成了人们都能接受的一种普遍的社会现象。不过，即使“男人不坏，女人不爱”有着一定的道理，片面地鼓励男人们去学坏也太不应该了。因为，这两个“坏”的概念和内涵其实是有着明显不同的。

要知道，“男人不坏，女人不爱”中的“坏”，并非是指人格品行等方面的不端，而是指这些“坏男人”能突破传统好男人的固有观念，在生活方面富有情趣，善幽默、懂浪漫，能给女人带来惊喜，给生活增添新意。其实，人们明明知道“好男人”是居家旅行必备之佳品，作为终身伴侣很不错，为什么还有很多女人偏爱“坏小子”呢？

对于这个问题，我们可以先从“好男人”的角度来分析。谈及“好男人”，我们首先想到的一点就是为人诚实可靠，对爱情忠诚。但也正是因为这一优点，往往会让“好男人”过于四平八稳，一板一眼，因为顾忌家庭责任、生活重担等问题而显得沉重犹疑，害怕生活中的每一丝改变，说话做事都谨小慎微，无法将自己调整到夫妻相处的最佳状态。其次，“好男人”做事时的原则性很强，凡事循规蹈矩，不会轻易迁就女人而改变既定做法，这对于时刻需要宠溺的女人来说无疑是难以忍受的。最后，“好男人”大多太过“正派”“率真”，不善变通。

相比“好男人”，“坏小子”的“坏”却可谓深得女人心。

首先，“坏小子”的“情商”对于女人来说，有着致命的诱惑力和吸引力。一般来说，“坏小子”大都有着活泼外向的性格，“情商”很高，善于关注女人心理上的变化，同时有针对性地展开攻势。要知道，大多数女人并不甘于过一成不变、平淡无奇的生活，也有着强烈的好奇心和求新求变的欲望，希望能够遇上戏剧性的奇遇，这时恐怕就只有“坏小子”能够满足她们了。“坏小子”一旦发现女人有类似的需求，就会马上绞尽脑汁、大张旗鼓地给女人制造浪漫气氛。比如，带她到洒满繁星的山顶俯瞰夜景，与她共进浪漫烛光晚餐，等等。“坏小子”善解风情，而在一些女人看来，幽默风趣的男人才有味道。她们需要的就是彻头彻尾的浪漫，就是你侬我侬的甜言蜜语，就是那种令自己起鸡皮疙瘩的、无可抗拒的魅力与感动。“五陵年少争缠头，一曲红绡不知数。”细细想来，那将是何等的风骨柔情！而所谓的“好男人”却无法如此“醉人”，恰到好处地做到这一点。

其次，“坏小子”的“智商”对于女人来说，有着致命的诱惑力和吸引力。俗话说“郎才女貌”，有才华、有才情就是男人自傲的资本。但什么样的“才”才是女人最想要的呢？首先毋庸置疑的是，那些天之骄子、专家能手绝对是女人眼中的才子。但这样的人才却着实凤毛麟角，在情感市场上属于稀缺资源，供不应求。毕竟大多数男人只是些普通人，或曰平庸之辈。而在这一堆人中，又以老实巴交的汉子居多。他们循规蹈矩，按部就班，踏实顾家，刻苦勤勉，你说这些男人是“好男人”吗？当然是，但女人却对这些人并不感冒。反而是那些思维活跃、有自我个性、不甘于现状、有闯劲、有冲劲的“坏小子”，更容易赢得女人的青睐。况且，那些“坏小子”头脑灵活、会经营、懂管理，善于在激烈的竞争中觅得战机，出奇制胜，并以此敛得女人想要的一切东西——票子、房子、车子、时装、首饰……这样一来，怎能让女人不爱他？

最后，“坏小子”的“个性”对于女人来说，有着致命的诱惑力和吸引力。“好男人”总是相似的，而“坏小子”却各有各的“坏”，“坏”得与众不同，“坏”得风情万种。在这个追逐个性、追求时尚的年代，女人当然会选择个性迥异的“坏小子”。我们暂且不谈论普通男人，先看看风生水起的娱乐圈。在这样疯狂追星的时代里，要想虏获粉丝的心，特别是少女粉丝的心，男明星总会费尽心思展现自己“坏”的一面。韩国影星李敏镐就曾经拍过一组抽烟秀文身的个人写真，就连我国的人民网都给它们拟了一个标题叫作“‘坏男人’形象展致命诱惑”。想必亲历过演唱会的读者也应该都见识过女歌迷对于男歌手的狂热，虽然你不一定赞同这种行为，但你一定也明白其中的缘由——女歌迷之所以会如此狂热，正是因为这些歌手的身上有着她们喜欢的特质，或张扬，或冷酷，或另类，或时尚。这当然不是抨击歌星的个人品德与本质，而是说生活中的老实男人并没有这样的特质。

“坏小子”的“坏”不是平常意义上的坏，准确一点说应该叫作“乖”。这句话其实应该这样说：乖巧的男人人人爱。所以，那些还比较“傻呆”的男人们，快些动起来吧！“埋头拉车不看路”的时代已经过去，和谐美满的婚姻家庭还要靠你的智慧和真心去经营。当然，质朴憨厚始终是一种美德，什么时代也不可能将其完全摒弃，学会变通只是为了在特定的时间、特定的地点、特定的事件中，为我们的生活增添一丝新意与情趣。

第二节　汉尼拔从哪里来

1991 年，美国恐怖电影《沉默的羔羊》上映，一时间“汉尼拔·莱克特”这个名字成了人们的噩梦。在世界范围内刮起了一阵惊悚片风潮，人尽皆知的汉尼拔博士也成为令人闻风丧胆的超级变态的代名词。2002 年，《沉默的羔羊：前传》即《红龙》上映。这部影片讲述了在事情的真面目没有被揭开之前，汉尼拔博士是一位天赋异禀的精神科医生，就连 FBI 的特别调查顾问威尔都要寻求他的帮助，邀他帮忙调查一起连环凶杀案。汉尼拔博士喜欢古典文学，热爱绘画，周身散发着一种艺术家的儒雅魅力。但是，随着威尔的调查日渐深入，离真凶越来越近的时候，他惊恐万分地发现：汉尼拔博士竟然是一个不折不扣的“食人狂魔”。

作为一位原本极受人尊敬的精神科医生，汉尼拔博士又为何变成了人人恐惧的“食人狂魔”呢？根据弗洛伊德的理论，一个人童年时的经历会在潜意识里影响成年后的自己。那么，汉尼拔的反社会行为是否也跟他的童年经历有关呢？这个答案我们可以从另一部影片《少年汉尼拔》中细细搜寻。

《少年汉尼拔》这部影片从年幼的汉尼拔和妹妹一起在野外嬉戏游玩的一组镜头开始。汉尼拔来自一个富裕家庭，父母非常疼爱他和妹妹。儿时的汉尼拔生活无忧，天真活泼，根本看不出一丝忧郁、阴暗的影子。看到这一幕，观众不禁疑惑起来：究竟是什么事情会让一个如此单纯可爱的小男孩变成“食人狂魔”呢？

接着，影片剧情一转，一场战争开始了，就在这场战争中，小汉尼拔的命运被全部改写。为了躲避战争，小汉尼拔一家加入了逃亡的队伍之中。在逃亡的途中，父母不幸先后去世，这无疑给年幼的汉尼拔带来了严重的心理创伤。一项心理学研究也曾表明，战争给人带来的心理创伤难以痊愈。没有了父母的护佑，小汉尼拔只能和妹妹两个人相依为命。但是，命运却不肯就此放过这兄妹二人，不幸又一次降临在这个可怜的孩子身上——他的妹妹被一群饥饿难忍的士兵给吃掉了！这残忍的一幕就活生生地在小汉尼拔的眼前上演，可他根本无能为力。这令汉尼拔幼小的心灵再一次遭受了重创。父母、妹妹的相继离开，让小汉尼拔彻底成为孤儿。接连的打击让小汉尼拔的每一晚都在噩梦中度过，妹妹被活活吃掉时那些支离破碎的片段总是一遍又一遍地出现在他的梦里。醒来之后，汉尼拔试图回想起整件事情的经过，却发现自己根本无法完全记起。汉尼拔从此变得沉默寡言，不愿与人接触，而且情绪波动很大，容易发怒。这些都正是创伤后应激障碍的症状表现，也是创伤后人格改变的开始。

后来，汉尼拔被叔叔接到了自己家中，婶婶的出现，更加促进了汉尼拔变态人格的形成。汉尼拔的婶婶是日本武士的后代，她将汉尼拔视为武士精神的传承人。而武士精神正是以暴力征服为荣，认为杀人是勇士所为，是个人能力强大的表现。这些都为汉尼拔日后的复仇奠定了精神和武力基础。天长日久，婶婶对汉尼拔的疼爱让他重新感受到了母爱，婶婶成了汉尼拔心中最爱的亲人。所以，当汉尼拔看到一个卖鱼的摊贩竟然敢羞辱婶婶时，他愤怒的情绪瞬间爆发出来……就这样，汉尼拔第一次开了杀戒，从此一发不可收拾。

报考大学时，汉尼拔选择了医学院，目的是治好自己，同时找回妹妹被害当日自己的完整记忆。而后，汉尼拔又开展了一轮又一轮的复仇。其实，一直到这时，为亲人报仇还都算是正常的心理反应，是否属于人格变态引起的行为还很难界定。但是，当汉尼拔听到自己最后一个仇人猖狂地说："如果你要报仇，就把自己也杀了吧！哈哈哈哈，你也喝了用自己妹妹的骨头熬的汤。"从此以后，他彻底地崩溃了，其实他对于仇人的恐怖谋杀就已经明显带着反社会人格的特征了。汉尼拔倒在雪地里，那个天真无邪的少年"死"了；当他醒来的时候，这世界上又多了一个不择手段的"食人狂魔"。

汉尼拔从一个纯洁的少年成长为一个十恶不赦的"食人狂魔"，无疑是自己的不幸童年造成的悲剧。我们虽然无法完全理解汉尼拔这种"以食人为乐"的心态，但如果我们设想一下，他的这些遭遇就发生在自己身上，又会如何呢？

心理学研究表明，在缺失中寻求补偿，是人的正常心理。如果一个人在童年时期的"基本需要"屡屡缺失，必然就会产生失落感、缺失感、空虚感，造成生理上的不适和心理上的苦闷彷徨、焦躁不安，而这种负面心理可能会伴随一生。所以，当这种缺失感、失落感出现时，人们会尽自己所能采取一定的“补偿措施”，来平衡自己的生理和心理。

就像人在童年时，本能地需要爱，如果缺爱了，就必须在别处寻求补偿。如果你的童年也缺乏爱，那么，你是一个更需要被爱的人，而且缺得越多，想得到的就越多。在亲近他人的同时，你还会有绝对占有他人的欲望，严重到一定程度时，就有可能要通过施虐来体现你对他人的占有欲。

继续循着这个轨迹分析，那些在常人看起来无比异常的行为其实也就有据可依了。他们只是在寻找自己童年里“缺失的东西”，只不过一般人的寻求方式是被大众所认可和接受的。当然，前提是他在这个“需求”上所受到的影响也在合理范围内。如果你一直在一个很普通、很完整的家庭环境中长大，那么，即使长辈之间有一些矛盾，你对于爱的渴求可能也没有那么严重；如果从小家中长辈不断地虐待你、呵斥你，生活窘迫，学习压力过大等，这些因素会导致你对于爱的需求超过常人，引发你一些异于常人、对爱苛求的行为，而这些行为很有可能是大众所不能接受，却会令你获得快感的行为。

现在我们再把这一点置换到汉尼拔的身上，我们就会明白，正是因为童年的痛苦经历，导致他对于复仇有着特殊的渴望，而在他复仇成功的时候会产生快感，这一快感又在他吃人的时候得以强化。所以，汉尼拔内心的主要需求就是复仇。他一次次地杀掉仇人之后，内心也并未释怀，甚至在生命的后期，他所杀害的人已经不再是需要复仇的对象，但那种对整个人类社会的复仇需求一直在延续。正是那种吃人行为激励着他，似乎已经成了他满足自身欲望和需求的不可或缺的一部分。

从法律的角度来说，汉尼拔理应为他的所作所为承担起相应的刑事责任。但通过细究汉尼拔的童年经历，我们不难发现，汉尼拔变成这样，其实非他所愿，也不完全是他个人的责任。其实，这个可怜人也是一个无辜的受害者——他成年之后的种种重口味行为正是扭曲的童年经历所导致的，“食人狂魔”汉尼拔也不过是其悲惨的童年造就的一系列心理疾病的牺牲品。

第三节 “恋母情结”的是与非

相传底比斯国王拉伊俄斯曾经受到神谕警告：如果他让自己的亲生儿子顺利长大，那么，他的王位和生命就会有危险。为了保全自己的王位和性命，拉伊俄斯狠心地下令让近身卫士将儿子带走并杀死在旷野中。不料，这名卫士半路上动了恻隐之心，只是将其抛弃，并未下毒手。后来，这个婴儿被一个路过的猎户捡到，带回自己家中悉心抚养。多年以后，拉伊俄斯在去朝圣的路上与一名青年发生争执，并被对方杀死，这位青年正是当年的那个婴儿俄狄浦斯。后来，俄狄浦斯因破解了斯芬克斯之谜而被推举为王，并迎娶了王后伊俄卡斯特，而伊俄卡斯特正是他的生母。几年后，底比斯出现了大规模的瘟疫和饥荒，人们请教了神谕之后，才得知俄狄浦斯杀父娶母的罪行。于是，俄狄浦斯自己挖出双眼，离开底比斯，开始四处漂泊流浪。根据这个故事，弗洛伊德在《图腾与禁忌》一书中提出了“恋母情结”，又被称为“俄狄浦斯情结”。

通俗地讲，“恋母情结”是指男性的一种心理倾向，即喜欢和母亲在一起的感觉。“恋母情结”并非爱情，而大多产生于对母亲的一种欣赏和敬仰。弗洛伊德认为，在婴儿时代和童年早期，每个孩子都渴望从异性父母身上得到性欲的满足，而对同性父母心生怨恨。换言之，“恋母情结”的本质就是相似和互补。为了博取异性母亲的欢心，男孩会以同性的父亲为榜样，模仿父亲，把父亲的心理特点和品质吸纳进来，使其成为自己的心理特征中的一部分。

自从弗洛伊德提出“恋母情结”之后，许多专家学者都开始对“恋母情结”进行了深入的研究。有心理学家认为，“恋母情结”其实是一种普遍存在的心理现象。甚至还有一种心理学理论认为，这是每个人都会有的一种本能意识，只是在不同的人身上所表现出来的程度不同而已。

有人一听到“恋母情结”这个词，第一反应往往会将其定性为一种心理疾病。其实“恋母情结”并不是绝对意义上的贬义词。恰恰相反，在幼儿时期，它是一种有益的心理驱动力，可以在母亲与孩子之间建立一种亲密联系，使双方互相亲近。它能够使母亲疼惜爱护孩子，孩子喜爱尊敬母亲，从而使孩子健康地成长。仔细回想一下，在我们3岁之前的那些岁月里，应该都喜欢依偎在母亲的怀抱里撒娇，一旦离开母亲，心里就没有了安全感。

但是，随着孩子渐渐长大，在学龄前阶段，他们会变得上进、勤勉，与他人交往合作，开始产生独立意识。这时，如果孩子还未能从“恋母情结”中顺利过渡出来，就很容易产生心理障碍。

有很多母亲应该会注意到这样一种现象：孩子已经读小学了，在学校表现得很好，乐于助人，独立性很强；但是一旦回到家，特别是回到自己身边以后，就会特别依赖自己，而且跟自己很亲密，对他的父亲反而略显冷淡。

在这个时候，为人父母就应该有所警觉，孩子也许存在一定程度的“恋母情结”。当然，我们也不必太过担心，而应该理性客观地看待“恋母情结”。它是一种正常的心理，不能因为孩子有“恋母情结”就刻意地疏远他，而是要鼓励孩子勇敢独立。同时，父亲也要多抽时间陪孩子，让孩子感受到父爱。此外，要大方地在孩子面前表现夫妻的恩爱，要让孩子明白父母是一体的。对待有“恋母情结”的孩子一定要有耐心，不可急于求成，要给孩子足够的时间来消化和理解父母的关系。

相反，如果我们一味地放任孩子的“恋母情结”，置之不理，任其发展，则将会对孩子的人生产生不良影响，甚至造成不可挽回的悲剧。

在电影《凯文怎么了》中，儿子凯文自出生起就行为古怪，还在襁褓中的他就知道如何区别对待父母。他在父亲面前总是一副乖巧懂事的样子，而在母亲面前却总是摆出挑衅的姿态，做出一系列让母亲恼火不已的事情，以求得母亲对他的最大关注。母亲对他的古怪行为忧心忡忡，但是，凯文的父亲却不以为意，总认为这不过是一个小孩子正常的表现。妹妹出生后，凯文不仅不高兴，还将自己的妹妹视为敌人，认为妹妹会分散母亲对他的关注，总是有意无意地欺负她。直到最后，凯文终于将自己的妹妹连同父亲一起射杀。可见，在凯文那看似不可理喻的举止背后，其实隐藏着一股强烈的“恋母情结”。试想，如果在凯文很小的时候，他的父母就能够意识到这个问题，及时加以正确引导，也许就不会有后来的悲剧发生了。

“恋母情结”严重者在人格上大都存在缺陷，他们孤僻、自私、缺乏责任感，严重阻碍了自己人际交往能力的发展。在与人相处时，他们习惯于单方面获得，不懂得主动地去为他人服务。由于过于依附母亲，他们的思维方式和言谈举止都容易女性化，在社会关系中往往属于弱势群体，缺乏主见。

“恋母情结”最常见的危害就表现在对患者恋爱、婚姻等方面的负面影响。在恋爱时，有“恋母情结”的男人要么表现得循规蹈矩，按照母亲的标准去寻找对象，要么因害怕承担责任而难以跟任何女人保持长久的恋爱关系。走进婚姻后，则往往因为过于看重母亲而忽略自己的妻子，如果听到妻子抱怨母亲，会无法忍受，甚至自己也有种莫名其妙的罪恶感。夫妻关系很难保持融洽，长此以往，两个人之间的裂痕会越来越大，直到无法收拾。

有“恋母情结”的成年人，自己要清醒地认识到“恋母情结”的危害，不能将这种“恋母情结”等同为孝心。要主动克服“恋母情结”，从树立正确的人生观、建立理性的生活态度入手，改变对母亲的态度。不能把母亲作为自己依赖的对象，母亲也会老去，也需要照顾。母爱是无私的，但是不能无限地索取，也要懂得付出和学会独立，靠自己的劳动去生存，才能回报母亲的养育之恩。

同时，有“恋母情结”的人要尝试通过工作和社交活动来转移自己的注意力。在工作中尽量发掘自己的潜能，通过自身价值的实现来得到更高层次的心理满足。

对于“恋母情结”严重的患者来说，要做到敢于面对自己的心理疾病，主动接受专业的心理咨询与治疗，同时也可以寻求家人的宽慰与帮助。

第四节　将女友改造成初恋对象

曾经有一家婚恋机构做过一项题为“你是否想将你的女友改造成初恋对象”的调查，结果有超过 60% 的男生表示自己有过这种想法，高达 36% 的男生表示真的曾经这样做过。

那么，为什么会有那么多男生想要将自己的女友改造成初恋对象呢？不可否认，初恋给人的感觉总是最美好的，那种小暧昧和情窦初开时节懵懵懂懂的爱情当然会让人怀恋。它往往能够直接影响我们以后一系列的恋爱行为，其中就包括试图将女友改造成初恋对象。而这种行为可能是由于心理学上的“蔡格尼克效应”。

所谓“蔡格尼克效应”是指一般人对已完成的、已有结果的事情极易忘怀，而对中断的、未完成的、未达目标的事情却总是记忆犹新。这个概念是由德国心理学家蔡格尼克首次提出的。

在 1927 年，蔡格尼克做过这样一个实验：将受试者分为甲乙两组，做同样的 22 件事情。其间，让甲组顺利做完，而中途突然下令乙组停止。然后，再让两组分别回忆自己做过的事情。结果显示，乙组的记忆量明显优于甲组。这种未完成的不爽感觉深刻地留存于乙组人的记忆中。而对于那些已完成的人来说，自己的“完成欲”得到了满足，便轻松地忘记了任务。这种未完成的工作比完成的工作更深刻地留存在记忆中的心理现象就叫作“蔡格尼克效应”。

同样，在爱情中，如果我们把结婚当作恋爱完成的终点，那么，未获得成果的初恋就是一件“未能完成的”“不成功的”事情，并因此深深地印入我们的脑海中。记忆中的初恋对象，便成为一个他人永远也无法取代的特殊角色，甚至变成了与他人相比较时的一个标准和参照物。

自然而然地，初恋对象所给你的美好感觉也会久久地萦绕在你的心头。你总是幻想着能够再次遇到“她”，和“她”一块儿完成当初未完成的初恋。但是，现实往往是初恋来得快去得也快，一旦错过就很难再相逢。这时，你也许就会把希望寄托在现任女友身上，试图从你的现任女友身上找到初恋的影子。可这世界上没有相同的两片树叶，两个人也不会完全相同。但“蔡格尼克效应”却老是在你的心里作怪，你为了达到自己的目的，可能会试图干涉和改造你的女友。

韦一是一个事业有成、风度翩翩的男人。一次，在酒吧偶遇了刚刚大学毕业的小兰，两人一见钟情，很快熟识了起来。在交往中，韦一总是极尽所能地去帮助小兰，修理家电、煮饭做菜、用英文批改论文，几乎无所不能。在韦一的帮助之下，小兰如愿以偿地被一家外资企业聘用。

对于刚走出校园的小兰来说，社会上的一切都是那么陌生，令自己目不暇接，难以应对。还好有韦一在自己身边，他总是很耐心地告诉小兰为人处世的原则、解决问题的方法。就这样，在韦一的帮助下，半年后小兰就获得了升职的机会。小兰很感激韦一，但感觉自己好像进入了韦一给她搭建的围栏。韦一不仅对职场中的小兰进行了塑造，也开始试着帮助生活中的小兰改头换面。

韦一总是告诉小兰应该挑选什么样的衣服，剪什么样的发型，甚至就连小兰的饮食习惯都要一一干涉。小兰内心早已被韦一的人格魅力所征服，无法抗拒韦一那种强大的气场。所以，每当韦一告诉小兰某件事情应该如何去做时，她从来都不拒绝，也无法拒绝。因为韦一从不会用命令的口气对她说话，而总是和气地说："你这么做也许会做得更好。"

随着时间的不断推移，小兰渐渐发现自己变了。她已经搞不清楚自己到底是谁了，只知道韦一喜欢现在的自己。

有一次，韦一工作应酬时喝醉了，回到家后就问小兰："你知道我为什么喜欢你吗？"小兰傻笑着连连摇头。韦一说，他年少时曾经爱过一个女生，是一位邻家姐姐。可后来那个女生搬走了，他们再也没联系过。从此以后，他喜欢把自己遇到的每个女孩都想象成邻家姐姐的模样，可每个女孩都拥有自己独特的个性，所以他就想去改造她们，像工匠做瓷器活一样，把她打造成邻家姐姐的模样，小兰越像邻家姐姐，他就越喜欢她。

故事的结局当然可想而知，小兰夺门而出后再也没有回来，因为任何女生都不想做别人的替身。其实，我们身边也有这样的男生，比照着自己的初恋去改造女朋友，结果大都是鸡飞蛋打，以失败告终。“江山易改，本性难移”，要想改变一个人的性格和喜好，不是一两天就能够完成的。而且这种所谓的改造，都是为了达成单方面的意愿，可以说是一种自私的行为。

恋爱是两个人的事情，要想最终摘取甜蜜的恋爱之果——步入婚姻殿堂，就要克服这种“蔡格尼克效应”，尊重、呵护对方，而不是试图按照自己描绘的样子去改造对方。

再美好的初恋终究是过去式，不是每一份感情都要有一个完美的结局，当然也包括你的初恋。如果你一直深陷于初恋无法自拔，它就会变成一种魔咒，始终困扰着你，以致影响你以后的恋爱甚至婚姻生活。你怀念的早就不是初恋对象了，而是曾经和她在一起时的那段经历，只不过是想通过她来安慰原来的那个自己。所以，一旦把心里的这种纠葛拿到现实中来，它反而会一碰即无，终究虚幻中来，虚幻中去了。

再者，不要试图按照自己的模型去改造你的另一半。爱情中的双方是平等的，当你选择了她时，就不仅接受了她的优点，还有包括缺点在内的她的一切。即使她有缺点需要改正，你也不能整天高举着“都是为了你好”的横幅，用自己的尺子和剪刀去修改她。一旦你对女友的改造过度，或者方式方法不合适，往往就会适得其反，你改造得越多，她“逃跑”得也就越快。你要知道，哪里有压迫，哪里就会有反抗。

在每一份感情中，我们都要学会适应对方，学会换位思考，学会欣赏对方，而不是总盯着对方的缺点。

第五节　为何会爱不下去

玛丽莲·梦露主演的《七年之痒》于1955年上映，影片主要讲述了一个结婚七年的男子在其妻子度假期间，迷上了一个风骚的女房客，整日对其想入非非。而在这种想象的过程中，他的道德观念与欲望不断地发生冲撞，最后他幡然醒悟，悬崖勒马，回到了自己的妻儿身边。这部影片不仅将玛丽莲·梦露的演艺生涯推上了顶峰，也相应地衍生了“七年之痒”这一名词。

按照字面的意思，“七年之痒”很容易被理解为到婚恋第七年的时候才出现的感情危机，常是因为审美疲劳而产生。不过，在我看来，“七年之痒”并非单指到了第七年才产生问题。其实，这种问题早就产生了，但两个人都在忍受，都能忍受，都在给对方也给自己留一点机会。然而，到了第七年，彼此都再也不愿意忍受下去了。所以，问题才大规模地爆发出来，绝非仅仅是“痒”，而可能成了“牛皮癣”，是一个大问题。

其实，在人的一生可以说有两个童年。第一个童年是在0～6岁时。心理学理论认为，到6岁时，孩子的人格结构和智力结构才基本定型。在这个阶段，我们曾试图按照自己的意愿来改造父母，但不幸的是，这些改造愿望很少真正地被实现。到了第六年，我们最终只能无奈地接受事实。不过，这种改造的梦想并未消失，只是被深深地压抑到潜意识的深处去了。等到我们的第二个童年来临时，这种被深藏的潜意识会逐渐被唤醒。

所谓第二个童年，指的是婚姻阶段。在这个阶段开始时，一对恋人如在童年一样生活得很幸福，但是童年时期未实现的憧憬与愿望也会再现。童年时越有问题的，这时就越渴望改造自己的另一半。但是，人的性格一般在第一个童年就已经定型，是很难被对方改造的。所以当到了婚后第六年时，我们会再次悲哀地发现，这种改造依然是行不通的，我们得再次放弃这个改造梦想。而且，童年时改造父母的憧憬越强烈，成年结婚之后的心理落差就会越大。

小兰与她的老公阿华可以说是一见钟情，两个人很快步入了婚姻的殿堂。婚后的生活也一直很幸福，虽然偶尔也会有一些小摩擦，但总的来说过得还是不错的。但是就在两人即将踏入婚姻的第七个年头时，小兰才恍然发现，她的丈夫阿华俨然重复着她父亲的足迹。

小兰的父亲从事业单位辞职之后，选择了自主创业。刚开始时，整日忙于工作，没有时间照顾家庭，她的母亲一直默默承受着。后来，父亲的事业遇到了重大挫折，开始一蹶不振，弃家庭于不顾。看到母亲每日以泪洗面，小兰暗暗发誓，这辈子一定要找一个和父亲不一样的男人做老公。刚认识阿华时，他是一个不断追求上进、有责任感的人，完全不同于小兰的父亲。而这也是小兰选择阿华的主要原因之一。

现在，阿华也遇到了事业的“瓶颈”。为了筹集周转资金，阿华逼着小兰去向亲戚借钱，每次一遭到拒绝，阿华就会火冒三丈。这种情形简直跟十几年前小兰父亲的所作所为如出一辙。这让小兰感到恐惧。

过去六年的幸福仿佛就发生在昨日，现在却如临深渊。小兰迷惑了，她不知道是自己在重复母亲的足迹，还是阿华在重复父亲的足迹？她不知道自己接下来的路应该怎么走。

“七年之痒”就如同感情中的一个转折点，一旦成功跨过，感情便能朝向良性健康的方向发展；反之，则可能令恋人分道扬镳、家庭分崩离析，最终感情解体、劳燕分飞。那么，我们应该如何避免“七年之痒”的危机呢？

首先要理性选择，做好婚前预防。在恋爱的时候，努力保持清醒的头脑，多听取亲人或者朋友的意见，用理性的眼光去对待未来的婚姻生活。

其次要调整期待，接受落差。过高的期待会与现实形成强烈反差，造成双方的心理压力。我们要理性地看待自己的另一半，不能对其期望过高。要知道，这个配偶不一定就是你结识的所有异性中最好、最优秀的，但却可能是最适合你的，这就足够了。

最后要懂得奉献，不能一味索取。不要过分挑剔对方，不要希冀按照自己的幻想重新塑造对方。而应常常自问：“我能够给对方带来什么——无忧的物质生活？充实的精神食粮？还是心中的安全感、幸福感？”日常生活中，经常发自内心地为对方做些什么，哪怕是最小的一件事情，一个拥抱，一个笑容，一个亲吻，都能够让对方体会到温情与贴心。

几十年来，人们围绕着“七年之痒”做过很多调查研究。试图从“七年之痒”产生的原因入手，找到规避“七年之痒”感情危机的方法，以及成功渡过“七年之痒”的途径。而人们做这些研究的出发点都是希望婚姻生活能够持续保鲜。

俗话说：“十年修得同船渡，百年修得共枕眠。”茫茫人海中，我们能够遇到一个可以与之携手、共同走进婚姻殿堂的人是需要缘分的。在这个越来越彰显个性的时代，婚姻似乎也不再是那么神圣的事情。在婚姻里，谁都不愿意委屈自己，婚龄越来越短，离婚率也越来越高。一旦到了“七年之痒”的阶段，我们根本无心对待，往往轻易地就说出“分手”两个字。试想，如果我们的每一段感情都以这种草率的态度来处理，那么，我们又怎么能够找到相伴一生的良人呢？

人作为一种高级动物，就要学会用自己的智慧去面对这一难挨的阶段，用真心去对待相爱之人。真爱与否唯有用心体会过才能发现。也许大多数人觉得自己穷尽一生也没有遇到所谓的真爱，可有过那种风雨之中相互依偎、苍茫世间携手走过的深挚感情之后，谁又能说对面的人不是你一生的真爱呢？

第七章

我们都是胆小鬼

第一节　斯德哥尔摩症候群

斯德哥尔摩症候群是一种常见的心理疾病，因为1973年发生的一起刑事案件而得名。案件发生在瑞典斯德哥尔摩市的一家银行中。两个全副武装的劫匪持枪抢劫银行，他们先是疯狂射击，然后绑架了4名银行工作人员作为人质，把他们控制在银行的地下保险库里。劫匪向警方提出的交换条件是释放他们的同伙，并让他们全部安全出境，否则将处死4名人质。而警方经过6天的谈判和营救之后，竟然打开了保险库，借用催泪瓦斯将人质和劫匪全部逼迫了出来。此时，埋伏在高处的警方远程狙击手们已经就位，随时准备击毙劫匪。就在此时，令人不解的一幕发生了：被劫持的人质们竟然纷纷主动掩护劫匪，保护他们不受伤害；甚至在之后拒绝提供不利于劫匪的证词，并为劫匪筹措法律辩护资金；而更离谱的事情是，其中一名女人质竟然爱上了劫匪，约好要等劫匪出狱之后跟他结婚。

整件事情的确令人匪夷所思：人质为什么要帮助劫匪逃命呢？女人质又为什么会爱上疯狂的劫匪呢？对此，心理学家给出了答案：人性所能承受的恐惧是有底线的。当普通人遇到疯狂的劫匪、歹徒时，他们相信这些人随时都可能会了结自己的性命。所以，随着时间的推移，人质在内心会将自己的生命权托付给劫匪。但当劫匪还能给自己喝口水、吃口东西，甚至仅仅是没有暴力对待自己时，人质就会对劫匪感恩戴德，觉得他们是仁慈和宽容的。然后，他们的恐惧全部转化为感恩，再到崇拜。最后，人质甚至会认为劫匪的安全代表着自己的安全。由此才会出现上述这么不可思议的一幕。

这种心理疾病后来被命名为斯德哥尔摩症候群。它是指被害人对加害人产生情感，甚至帮助加害人的一种人质情结。被害人对加害人产生好感、甚至依赖的心理原因在于，被害人的生死存亡掌握在加害人的手里，当加害人让他们活下来时，他们就会感激涕零。此时，他们甚至会把加害人当作自己的救星，与加害人同呼吸，共命运。

而在系列电影《007》的第19集《007：纵横天下》中也有反映斯德哥尔摩症候群的一幕。影片中，英国最大的输油管公司的总裁罗勃·金恩惨遭恐怖分子杀害，詹姆斯·邦德前去调查，发现该总裁的女儿伊莉翠几年前曾经被同一个恐怖分子雷纳绑架过，但最终自行脱逃。雷纳想要偷走钚元素以便炸毁油管，詹姆斯·邦德发现后，一心想要阻止这件事情的发生。但伊莉翠反而帮助了雷纳，反复阻挠詹姆斯·邦德的行动，当然了，故事的结局肯定是伟大的007詹姆斯·邦德先生顺利地完成了任务。影片中的伊莉翠就是典型的斯德哥尔摩症候群患者。她因为曾经被雷纳绑架过，还沉浸在斯德哥尔摩症候群的症状中，不仅不因父亲被雷纳杀害而痛恨他，反而帮助他继续作恶。发生这种说不通的事情就是因为伊莉翠染上了心理疾病，得了斯德哥尔摩症候群。

诱发斯德哥尔摩症候群的情况，具有以下几个特征：人质受到加害者的生命威胁；但在绑架过程中，加害者对人质施以小恩小惠；人质在加害者的控制下，得不到外界的任何信息；人质深信自己不能逃脱。此时，人质在被绑架劫持的过程中，心理历程会经过恐惧、害怕、同情、试图帮助等一系列的变化。一开始人质会因为突如其来的威胁而感到无比恐惧；然后会因为在不安全的环境中身心受到威胁而感到害怕；后来随着与加害者的长时间相处，因为没有受到虐待，而感激、同情加害者，认同他们的思维方式；最后则会演变成帮助加害者，如协助他们逃跑、替他们向政府求情，甚至跟他们一起逃亡等。

斯德哥尔摩症候群的四个阶段的心理变化，往往就发生在三四天之内。这并不是疯狂、弱智的行为，而是一种心理上的自卫行为。受害者同情、帮助加害者，仅仅是为了保证自己不受伤害。在这个过程中，他们已经失去了自我，而完全被加害者的观点所蛊惑，所以即使最终救援来临了，他们也可能会抗拒被救，选择继续与加害者在一起。

同理，人类在幼儿时期会跟经常接触的家长产生情感依附，因为这样会让他们得到健康生存的可能，当然了，婴儿一般是对自己的父母产生情感依赖行为。心理学家认为，斯德哥尔摩症候群可能正是由此发展而来的。

然而，并不是所有人在极端情况下都会患上斯德哥尔摩症候群。一些人质会团结起来一起对抗劫匪，以帮助警察抓捕罪犯；有些人质也会与劫匪斗智斗勇，以便逃脱。据美国FBI的一项调查显示：在人质绑架案中，只有27%的人质会表现出斯德哥尔摩症候群的症状。

而个体的坚定信念和强烈的道德感都会降低斯德哥尔摩症候群的产生，这是一种自我反省的方法。即使在极端的残酷环境下，他们也不会丧失人性，反而一如既往地坚持自我。

所以，警方也要在解救人质时采用更加谨慎的策略。在人质事件中，警方应该在关心人质和关心劫匪之间保持一种平衡。尽量避免在解救过程中，因为不恰当的处置而增加不必要的伤亡，从而加剧幸存人质对政府的失望和不信任。

心理专家应该及时介入，对他们进行心理治疗和引导，正确告知他们斯德哥尔摩症候群的特点，让他们了解自己之所以会做出这种选择是因为极度的恐惧和人性的脆弱，帮助他们解脱对自己行为的矛盾情绪和罪恶心理。家人也应该帮助斯德哥尔摩症候群患者从心理创伤中走出来，理解他们被劫持期间的孤独和无助，减少对当时情景的不必要回忆，以免承担更多的心理痛苦。

对于斯德哥尔摩症候群患者，我们不能一味地指责或者批判，不能让他们承担过多的责任。而应该帮助他们尽快恢复正常的心理状态，回归正常的生活和工作中，让曾经的心理阴影烟消云散。而正常有序的生活状态会很快转移患者的注意力，避免对创伤的再次体验，在工作中能够重新自我定位，找到自我价值。一位人质就曾经说:“我认为工作正在挽救我。”

斯德哥尔摩症候群其实是因为人性中的畏惧和崇敬强者而产生的。其实，我们每个人都有可能患有慢性的斯德哥尔摩症候群:当小偷偷了钱包，却把重要证件送回来，我们可能会感激他是个有职业素质的人;当电力集团与发改委博弈最终涨价未遂，我们可能会庆幸自己获得了巨大的胜利;当房价飞涨时，我们甚至会欣慰于涨幅不大……就这样，我们总是会在体制或者政治上表现出斯德哥尔摩症候群的相应症状。

当然，只要是在合理的社会伦理和生活规范之内，我们的斯德哥尔摩症候群症状可以只被看成对修复生活秩序的一种呼吁，无须担心。

第二节　忍受家暴的女人

“幸福的家庭都是相似的，不幸的家庭却各有各的不幸”文学巨匠托尔斯泰如是说。家庭暴力就是家庭不幸的一种突出表现。家庭暴力所带来的不幸，是无数女性心中难以言说的痛。

《中国妇女报》曾经做过一项关于家庭暴力的公众调查：多达11%的已婚女性曾经挨过丈夫的打，超过14.6%的男性承认动手打过妻子。

家庭暴力的产生是有深远渊源的。两千年的封建文化的影响，使男尊女卑的腐朽思想深入人心，男权主义文化、夫权思想、重男轻女的思想都是家庭暴力的文化根源。家庭暴力在社会地位较低的家庭中更为普遍，尤其是当女性经济上不够独立时，经济地位的不平等容易引发家庭暴力。

家庭暴力的形式可谓五花八门。有冷暴力、精神虐待、肉体暴力等形式。虽然说家庭暴力在低收入、低文化素质的家庭中更加普遍，但是，现在的所谓高知阶层中的家庭暴力也非常多。家庭暴力就像婚姻生活中的一枚定时炸弹，随时可能毁掉家庭的和谐，造就更多不幸的婚姻。

那么，既然女性饱受家庭暴力之苦，始终活在家暴的阴影下，她们为什么不敢声张，反而一直隐忍呢？对此，她们的心理状态究竟是怎样的呢？

有些女性在择偶时就青睐高大威武的男性，认为能够从中获得安全感。软弱使她们屈服于恐吓、威胁和殴打。遭到家庭暴力后，她们大多本着“嫁鸡随鸡，嫁狗随狗”的心理，只会埋怨命运不幸，而不会反抗，更不会对外宣扬，认为“家丑不可外扬”。而丈夫在施以第一次家庭暴力之后，发现没有受到反抗，此后就会变本加厉，暴力升级，甚至产生一种施暴者的优越心理。

有些女性太顾及面子，即使婚姻不幸福，也不愿意让外人看到自己的不幸，每天还是打扮得光鲜靓丽地出门。至于老公的家暴，大多只能“打碎了牙齿往肚里吞”。她们不想让别人知道自己的这种婚姻生活状态，不想让外人说三道四，不想让别人看不起自己，也不愿意承认自己婚姻选择的失败，更不想因为遭受暴力而选择离婚。虽然现在婚姻自由，社会也持宽容理解的态度，但有些女人还是宁愿忍受暴力，也不愿意离婚。并且，在出现家庭暴力之后，有些女方的长辈也会劝说其忍让和宽容，如此才能维持住婚姻。然后女人就这样，为了所谓的面子，而葬送一生的幸福。

有些男性的大男子主义情结严重，对感情和婚姻具有强烈的占有欲。他们不允许妻子与异性有哪怕几句简单的交流，否则就会敏感多疑，以为妻子红杏出墙，想施以暴力。而有的女人竟然也认同丈夫的做法，认为丈夫是因为爱才打自己，对丈夫的自私行为选择默默忍受。

有些女人心中总是感性大于理性。有时候男人打了她，转头换了面孔，痛哭流涕地乞求她的原谅，她就天真地相信丈夫已改过自新，然后恶性循环一般的，一次又一次地忍受家暴。

根据媒体报道，很多女性犯罪是由家庭暴力引起的。辽宁女子监狱的犯人竟然有约10%是因杀夫入狱。家庭暴力这一社会问题不能有效解决，可能会引发更多的问题，如以暴制暴。女性在长期忍受家庭暴力的过程中，如果积愤难消，就可能走向疯狂报复的极端，也就是杀死自己的丈夫。或者因为找不到温暖而逃离家庭，一去不回，可谓是“不在沉默中爆发，就在沉默中灭亡”。

一味地隐忍不能解决问题。家庭暴力的发生不仅给女人带来了身体和心灵的双重伤害，还会直接影响到下一代的正常发育和心理健康，可以说破坏了婚姻，破坏了家庭，也破坏了社会的和谐。

女人应该提高自我保护意识。努力提高自己抵抗家庭暴力的能力，当自己无法摆脱和应对家庭暴力时，就应该求助于邻居、街道、社会力量的帮助。努力提高自己的法律意识和法制观念，增强反对家庭暴力的自觉性。努力提高维护自己合法权益的意识，抛弃封建思想的“三从四德”观念和礼数，改变自己屈从和依附于丈夫的心态，争取自己的人权和自由。

第三节　自恋总比自卑好

古希腊神话中，纳西塞斯长相俊美，对任何姑娘都从不动心，却独独爱上了自己在水中的倒影。于是，他跳下水去拥抱自己的影子，溺水而亡。而在纳西塞斯落水的地方，长出了一株美丽的水仙，后人就把他这种自恋的情结称为“纳西塞斯情结”。自恋这种情况，其实在每个人身上都有着不同程度的存在和体现。自恋者大多有着强烈的自我意识和敏锐的观察力，比较以自我为中心，具有强烈的自尊意识，苛求旁人的关心和爱护。

自恋者总是想成为众人瞩目的焦点，希望听到别人对自己的评论，当然赞美的声音越多越好。如果没人肯定和赞美自己，他们就会情绪低落，甚至无比沮丧。自恋者总是超级自信，感觉自己无所不能，所向披靡，所以也总是夸大自己的价值和能力，给人一种脱离实际的印象。自恋者还总是沉浸在幻想中，总是认为自己会成功，会出名，有着无比强大的实力和能力。

其实，名人比普通人更加自恋。美国一所大学曾经对200位名人做了一项调查，在自恋程度、优越感、表现欲、虚荣心和权威意识等多个指标中，可以很明显地看出名人的自恋程度远远高于一般人。

同时，女性又比男性相对来说更加自恋。就拿前几年出现的网络红人芙蓉姐姐来说吧，她真的可以算是“前无古人，后无来者”的超级自恋狂了。芙蓉姐姐作风豪放，据传曾经有5000多人同时在线等待她的玉照。芙蓉姐姐原名史红霞，来自陕西省，自称小时候得过白血病，后来当过图书编辑。而就是一张姿势独特、扭成“S”形的照片让芙蓉姐姐从北大未名BBS红遍中国互联网。她也用文字对自己的身体相貌进行了极大的赞美。芙蓉姐姐曾说：“本着自然纯朴的特色，不施粉黛、不着华服，重在以‘清水出芙蓉’的自然美全方位、多角度地展示容貌和身材。”而在一次采访中，芙蓉姐姐更是大放厥词：“我觉得我出名是早晚的事。我觉得无论在哪个方面我都可以出名。我在网上发的帖子也被很多人收藏……我还经常在外面跳独舞，见过我跳一次舞的人，都不会忘记我。在教室里，很多人都给我写过情书。”芙蓉姐姐真的可以算是自恋者的典型代表了。

非常自恋的人，往往会让别人无法适应。但即使如此，我们也不能一竿子打翻一船人，这样定会有失偏颇。总的来说，自恋总比自卑好。自恋会给自己带来自信，赋予自己勇气。自恋的人通常都会肯定自己，乐于表现自己，懂得欣赏自己。自恋的人爱自己，爱自己的身材相貌，爱自己的能力，认为自己的一切都是好的。自恋能够改变自己的生活态度、物质态度、精神态度。所以每当有机会展现自己时，自恋的人总会毫不犹豫地冲上去，甚至没有机会时，他们也会创造机会露露脸，从来不自怜自艾，也不会畏畏缩缩地束缚自己的心。

而与之相反，自卑的人是从不会去出风头的。与自恋的人完全不同的是，他们性格内向，相对封闭，不喜欢与人交往，也不想与人沟通，拒绝参加集体活动，不愿意表现自己。自卑的人在语言表达方面有所欠缺，在表达时，常常语义不连贯、词汇量少，或者缺乏感情。自卑的人对别人的评论非常敏感，经常疑神疑鬼，对别人的批评耿耿于怀。自卑的人容易自暴自弃，经常处于郁闷、敏感的心理状态之中。

尽管自恋好于自卑，但是自恋的人还是比较难相处的。因为自恋的人脾气糟糕，自私霸道，经常贬低别人，傲慢自大，没有羞耻心。自恋者经常会抓住别人的弱点去攻击别人，如果这些人自尊心稍有不坚定，那么就会被自恋者伤害到满身伤痕。也正因如此，不会有太多的人愿意与自恋者做朋友，自恋者只是把别人当作替罪羊，别人的存在只是为了满足他们的需要，他们毫不在乎那些没有利用价值的人。

大概每个人都不会喜欢盛气凌人、沾沾自喜的人，因为他们都是内心害怕被伤害的自恋者。而他们的自恋也正是自我保护和自我防卫的一种方法。

自恋的形成跟家庭环境有着极大的关系。自恋者的家庭状况，有两种可能的情形；一个是父母没有给孩子足够的安全感，父母缺乏某种能力，无意识中将孩子当成满足自己需要的工具，从而影响了孩子正常、健康的处世思想和行为的形成。此时，孩子的内心比较恐惧，也缺乏关爱，于是自己启动了一种保护机制，为了获得认可和关注，他们会更具有表演特质。还有一种情形就是在成长过程中，孩子被过分地宠溺，他们完全不懂得什么叫尊重别人，只是一味地以自我为中心，变得极度自恋。

自恋可以说是比较难治疗的。因为自恋者不相信医生的劝告，总是认为一切都要围着自己转。这种人格特点让医生也无可奈何。自恋者自恋的根源就在于缺乏内在价值感，为了掩饰内心的脆弱，他们开始傲慢自大，处处夸大自己，贬低别人，给大家造成不舒服的心理感觉。而如果我们能够看到他们内心隐藏着的脆弱，深刻地理解他们的恐惧和焦虑，宽容地接纳他们傲慢的言行，真诚地与他们互相应和，让他们感受到别人的爱，感受到自我价值，从而能够欣赏别人，坦然地面对别人，就会帮助他们慢慢地改变自恋行为。

自恋者只有真正意识到自身存在的问题，才会有所改变。如果自己不觉察，不想改变，别人再多的劝说和提醒都是徒劳的。自恋形成的诱因千差万别，也没有固定的治疗模式。医生要让自恋者真正地觉醒，意识到自己所处的状态，才能激发他们改变自己和治愈自己的决心。对自恋者的治愈是一个十分缓慢的过程，可能需要数年甚至数十年的时间。所以，自恋者要有足够的耐心和信心，医生要对其给予持续的关注，家人也要从旁给予足够的关爱，在多方的共同努力下，才能取得良好的治疗效果。

健康的自恋者应该能够区分自己和他人的不同。他们爱自己，也爱他人，尊重自己，也尊重他人，能够和他人友好相处。这种自恋就是适度的、理性的、可取的。

如今，自恋者的队伍正在逐渐庞大，我们都应该认识到，适度地自恋就好，自恋到一定的程度就成了病。要学着适时提醒自己，及时放下，及时归零。唯有放平自己的心态，才能承载更多的优秀。要记住，让自己快乐的同时，不应惊扰到别人。

第四节　吃饭、睡觉、打豆豆

有一则流传很广的笑话，说是一个科学家到了南极之后，碰到了一群企鹅。他就问企鹅们："你们每天都忙些什么呢？"一只企鹅回答说："吃饭、睡觉、打豆豆。"他又问了另一只企鹅："你呢？每天都忙什么？""吃饭、睡觉、打豆豆。"此后，他又问了很多企鹅，它们的回答都是"吃饭、睡觉、打豆豆"。最后，他问到一只很可爱的小企鹅："你每天都忙些什么呢？"这只小企鹅回答说："吃饭、睡觉。"科学家很奇怪，追问道："你为什么不打豆豆呢？"企鹅愤愤不平地回答："我就是豆豆。"

这个笑话听起来似乎荒谬好笑，其实，从另一个角度揭示了在动物世界中弱肉强食的规则的客观存在。企鹅们在打豆豆的活动中获得快感，是因为这些企鹅在某些方面也处于劣势，只能通过践踏豆豆的尊严来得到心理上的满足。它们因为在豆豆的身上看到了自己曾经的懦弱和胆小而更加难以忍受。

强弱之分从来都是相对而言的。老虎是强者，相对于老虎，狐狸是弱者；而相对于兔子，狐狸又成了强者。事实上，最强者和最弱者之间是根本不存在交集的。那些所谓的欺负弱者的强者，其实不过比弱者稍微强一点罢了。而在我们所谓的文明社会，又何尝不是如此呢？俗语说得好："人善被人欺，马善被人骑。"很多人会通过外在的地位、金钱、财富、权力等来表现自己的强大。有人通过帮助别人展现自己的能力，有人则通过欺负别人来展现自己的能力。两种截然不同的形式，一个展现了自己的心理优势，一个展现了自己的优越感。弱者和强者在体能、心理等方面都不在一个层次上，他们往往没有足够的能力抵抗。

其实很多人曾经有过自卑心理，他们在某一时间段内是不具备现在的这些能力和经验的。但是随着人生阅历的丰富，随着年龄的增长和能力的提升，他们逐渐摆脱了自卑，树立了自信。而这部分人因为在心理上经历了"自卑——改变——自信"的过程，所以，当他们拥有了更多的社会成就，掌握了更多的社会资源之后，往往会变得心胸宽广。

但是，并非所有自卑的人都能顺利地完成从自卑到自信的蜕变。如果他们在少年时期遭受的痛苦或者屈辱太过深刻，这些早期的心理印迹会使他们在努力变得更优秀的过程中过于刻意，也就是心理学上所说的"过度补偿情结"。

他们当年曾经被强者欺负过，也曾经被别人看不起和深深伤害过，所以，他们拼命努力，不惜一切代价去获取成功，只是为了摆脱曾经的自卑记忆。而当他们取得一定成绩后，又往往会欺负弱者，挤压弱者。因为曾经的自己也是弱者，看到眼前的弱者会唤起那些痛苦的回忆，会想到当年那个胆小、懦弱、恐惧、自卑的自己，为了回避这种曾经的痛苦，他们会从心底深深地厌恶这些弱者。然后因为不能接纳曾经的自己，进而不能接纳现在的弱者，就从行为、语言上无情地打击、讽刺，甚至摧残弱者。

在恃强凌弱、欺负弱者的过程中，他们仿佛也得到了一种满足感和陶醉感，欺负弱者让他们在心里替代性地为曾经的自己摆脱了痛苦。他们会在内心深处扬扬得意：哈哈，我现在也可以欺负这些菜鸟了，我已经不再是菜鸟了。

广州电视台的一档心理节目中，曾经报道了一个叫蔡敏敏的女性的人生故事。蔡敏敏在长达5年的时间里受到老乡雇主魏娟的虐待，且最终被雇主毁容。从2001年元旦开始，蔡敏敏给魏娟当保姆。刚到珠海没几个月，魏娟就开始殴打蔡敏敏，用擀面杖、扳手、铁锤、扫把等长时间、高密度地殴打她，导致蔡敏敏经常受伤，面部毁容。虽然2005年经过媒体曝光，魏娟已经被绳之以法，但是蔡敏敏的心理创伤并没有得到相应的安抚，晚上常常做噩梦和失眠。在这个节目中，心理咨询师采取了角色互换的治疗方法，让蔡敏敏扮演魏娟，心理咨询师则扮演蔡敏敏的角色。魏娟在虐待蔡敏敏时，有时候也会哭着抚摸她的伤口，说自己对她多么好，哭完之后她继续折磨蔡敏敏。魏娟就是在蔡敏敏的身上看到了从前的另一个自己，她既喜欢蔡敏敏的温顺，又讨厌她的温顺，她的矛盾心理让她既爱又恨。通过折磨、虐待蔡敏敏，她获得了心理满足，当然最后也因此葬送了大好的人生。

在动物世界中，如果狼被欺负了，他们会奋起反击，维护自己的利益，这是一个公平的世界。而在人类社会中，当弱者受到欺负时，总想继续示弱，越是示弱，就越被欺负，由此形成了一种恶性循环。往往是强者欺负弱者，弱者欺负更弱者，大家都是为了发泄心中的愤怒。这其实会令被欺凌者缺乏自尊，产生孤立感和愤怒情绪，对欺凌者和被欺凌者都产生极大的负面心理影响。

要想不受欺负，或者不欺负弱者，首先要消除自己内心深处对于权力的恐惧意识。我们应该明白，人与人之间是平等的，千万不要过于自卑。另外，受到欺负时不能只想着自顾自怜，也不能只想着如何打击报复，更不能转移愤怒去欺负别人，而应选择适合自己的正当的防卫方法，先礼后兵，严重时可以诉诸法律。

世界其实是公平的，也是美好的。希望弱者能够尽快摆脱被欺负的受害者心理，找到属于自己的幸福和快乐；也希望所有人即使自身强大了，也不要想着去欺负别人，因为真正的强者绝不会通过欺负弱者来获得满足感。要知道，这世上只有那些自强不息而又不自恋自怜的人，才是最强者。

第五节　亲密关系恐惧症

亲密关系其实是我们与生俱来的一种需要，可以满足我们的归属感和爱与被爱的情感需求。在亲密关系中，我们可以愉快地和小伙伴们互动玩耍，可以在彼此身上获得信任和尊重，可以用心感受安全和稳定，还可以帮助自己摆脱孤独。可以说，我们人类是渴望亲密关系的。但是，也有一些人对亲密关系有着天然的恐惧和障碍。

在热播美国情景喜剧《破产姐妹》中，主角之一麦克斯就患有轻微的亲密关系恐惧症。每当麦克斯遇到心仪的男性时，她的第一反应不是要不要继续发展下去，而是直接否定和拒绝，然后很没出息地逃避。所以，麦克斯的每一段恋情都是还没有开始就草草结束了。根据剧中的人物设定，麦克斯的童年是不幸福的，缺乏足够的爱，更缺乏心理安全感，对自己和别人建立亲密的关系根本没有信心。所以，出于一种自我保护的心理，麦克斯会刻意地与别人保持一定的距离。

事实上，全世界大约有17%的成年人有着亲密关系恐惧症。

他们会在一段感情正在升温时，毅然推开或者疏远对方，因为他们经常感到自己其实并不是很关心对方。

亲密关系恐惧症并不算是一种心理疾病。亲密关系恐惧症患者往往拒绝过度亲密，很难与别人建立亲密关系，总是在人际交往中刻意保持距离，很难与别人交心。它并不仅限于异性之间的情感。

亲密关系恐惧症患者的潜意识中有着很强的自我保护意识。他们可能会大大咧咧、不拘小节，尽管如此，他们还是不容易被接近，也不会轻易地吐露心声。他们渴望与别人建立亲密关系，但又担心自己的感情付出以后得不到回应，所以会有犹豫和焦虑，慢慢形成了这种回避型社交方式。

但是，每个人都不是一座孤岛，我们需要和不同的人建立不同程度的亲密关系，这些都是为了让自己不再孤独。然而，有很多因素可能会影响我们，令我们患上亲密关系恐惧症。

童年时期缺乏安全感。这些人在童年时期没有和父母建立良好、安全、稳定的关系。如果父母感情不好，经常争吵打架，对未来的婚姻生活缺乏足够的信心，往往会影响孩子的心理安全感。在他们成年后，会无意识中否定自己对人际交往的需要，惧怕未来伴侣的背叛，害怕感情白白付出却没有回应。

在童年时期，孩子向父母表达自己沮丧、受伤或类似的情绪时，如果父母只是严厉地批评或者嘲笑孩子，甚至用羞耻感控制孩子，说出“男孩子不能哭”之类的话，那么这样的情感模式很容易造就孩子长大后的回避型依恋模式。如果父母自身感情过于脆弱，令孩子不敢跟父母说出自己的负面情绪，害怕父母会因此更加脆弱，导致父母不能给孩子帮助和安慰，反而是孩子帮助父母的现象频频出现，这样也可能会令孩子在长大后患上亲密关系恐惧症。

不能释怀曾经受到的伤害。不管什么时候，如果你认为曾经关系不错的朋友做了伤害自己感情的事情，你就可能在心理上不能承受，不愿意再去相信别人，不愿意再付出感情，对人际交往产生恐惧。

缺乏人际交往技巧。有些亲密关系恐惧症患者其实是不懂得如何把握交往的尺度，也不善于展开交际话题，只好被动地保持表面关系，这都是人际交往技巧缺失所造成的。

亲密关系恐惧症会破坏你和朋友、恋人、同事之间的关系，让你不能正常地与人友好亲密地交流，尽管你也无比渴望和向往着这种亲密关系。如果你身边有这种难以交心的人存在，可以真诚地帮助他们，认真对待他们。告诉他们不能将自己的想法埋在心底，封闭自己，这样只能失去本属于自己的幸福。在亲密关系中，也不要试图控制对方，这样会让别人产生被控制的不良情绪。

尝试与朋友建立稳定关系。在交友的过程中，可能会受到各种心理因素的影响，但是尽力坚持下去，反思改进自己做得不好的地方，反复激励自己，才能让自己更好地融入朋友圈中。在亲密关系中，不要一味地压制自身需求，这会让沟通难以维系。勇敢地表达自己，吸引志同道合的朋友，发展健康的亲密关系。

处理好自己的情绪。理解别人的情绪，首先要处理好自己的情绪，感受那些让你焦虑的情感，寻找合适的时机和途径将其释放出来，不要让焦虑变成伤害自己的武器。

全身心投入亲密关系中。不要害怕付出没有回应，不要害怕亲密关系可能带来的伤害。应该放开自己，“全情投入，不去介怀”。正如《银河系漫游指南》中，道格拉斯·亚当斯说的那样：“你只需用尽全身力量往前跳，同时要有不怕疼的意志。”

亲密关系的意义在于对生命的分享。不管过去如何，我们都是渴望表达爱、表达亲密的。我们需要分享自己的情感、思想和心灵，所以不能因为害怕受伤害，而给自己的心筑一道围墙，既不让别人走近我们，也不轻易走出自我的天地，最后徒留寂寞。

当我们在人生路上遇到一个可以给我们安全、稳定、包容的爱的人时，我们应该心怀感恩，也应该积极努力地去营造亲密关系。在包容的爱中，我们张开胸怀接纳了别人，也就相当于接纳了自己。一旦学会在平等舒服的亲密关系中自由地表达自己，我们的心情就会变得轻松自如，我们的生活就会变得自由明朗。

第六节　敏感：安全感缺失

当你请一个自己很信任并且关系不错的朋友帮忙时，一旦对方拒绝了你，你是不是即使嘴上无所谓，心底也会暗自沮丧、伤心呢？当你和朋友聊天时，一旦发现对方心情不好，情绪不佳，你是不是会不自觉地认为是自己做得不对，致使对方不开心，甚至因此而暗暗自责、郁郁寡欢呢？当你评论了朋友的微博，对方却没有及时回复时，你是不是会因此而闷闷不乐，胡乱猜测呢？

这些都是敏感的表现。每个人多多少少都有过敏感细腻的心理感受，但过度的敏感绝不是一种正确的为人处世方法，尤其是那种不管人物、场合、地点的敏感，可能会给我们的生活带来诸多不便。

敏感者大致可划分为三种类型：神经过敏型、独来独往型、人前人后型。神经过敏型的人很怕噪声，因为他听力敏锐，不能忍受噪声，而他们自身也拥有着细腻的感觉能力，更能发现人们相互之间交流时情绪的微妙变化；独来独往型的人在与别人相处时，总是坐立不安，于是，就开始逃避人际交往的场合；人前人后型的人，明面上总是在人群中八面玲珑，活泼可爱，私下里却一声不吭。

敏感其实是一种缺乏安全感的表现，过度敏感则属于异常心理的范畴。有些人会因为敏感，而放大别人的言行，令自己痛苦不堪；有些人遇到一点困难挫折，就认为是别人在暗中使坏，即使别人其实什么都没有做；有些人出于敏感心理，甚至能从身边人的呼吸说话声中感受到他们对自己的不满……这些已经完全超出了安全感的范畴，令人随时随地都保持着敏感的、紧张的状态。通常，缺乏安全感的人，在内心深处总会对外界心生抵触，一句不经意的话可能就会伤害他们脆弱敏感的内心。他们常常会把事情往最坏的方向想，总是为心灵裹上厚厚的盔甲来保护自己。因为找不到自我的存在感，他们往往会因为外部环境的一点风吹草动，而殚精竭虑、翻江倒海，甚至封闭和禁锢自己。

安全感当然会给我们的身体和心灵带来慰藉，令我们感到温暖、舒心。但是，安全感并不是与生俱来的，而是跟我们的后天成长经历有着很大的关系。很多人之所以会缺少安全感，大多是因为曾经受到冷落或者伤害。

特别是在婴幼儿时期，家庭氛围对于个体的影响会更大。英国心理学家约翰·鲍尔比认为，半岁到两岁的婴幼儿与父母的关系决定了其成年之后的安全感程度。如果在这个时候，孩子们得不到父母的关爱和呵护，个体的需求不能被及时满足，如哭了很长时间都没人理，尿了裤子没人发现，甚至饿了也没人及时喂养，那么，孩子就很难建立起基本的信任。如果在家庭环境中，父母不能和睦相处，反倒是天天争论不休，情绪上粗暴恶劣，孩子们也能清晰感知大人们的负面情绪，会受到紧张、不安、恐惧等消极心理的折磨，从而丧失安全感。

缺乏安全感的人，还有可能曾经被别人伤害过，对一些事情比较敏感多疑。比如，失恋过的人可能会在新的恋情中敏感多疑，他们可能因为之前一段恋情中的情节而对现在的恋人心生怀疑；深夜遭遇过流氓骚扰的人可能会对黑暗敏感恐惧，他们可能害怕不堪的故事重演，总是神经紧张，乞求诸事顺利。

在马斯洛的需求层次中，安全需求紧随食物、空气、水这些维持生命的必需品之后。由此可见，安全感对我们个人来讲非常关键，对我们的心理健康起着至关重要的作用。马斯洛认为，安全感是“一种从恐惧和焦虑中脱离出来的充满信心、安全和自由的感觉”，有了安全感，我们才能抓住生命的基石，才能与别人建立良好的社会关系，才能用心地体会和感受生活。

审视自己。找到导致自己缺乏安全感的原因，并尝试着化解它、解决它。当你被充足的安全感所包围时，就会感到身心和谐、心情愉悦。

多交朋友。有所准备地去交朋友。积极主动地参加社交聚会活动，主动参与大家的话题讨论，甚至可以戴上人格面具来增加自己的魅力。学习一定的社交礼仪，这既是为了尊重别人，也是为了尊重自己。当你拥有了稳定良好的人际关系时，被人关心的感觉，能令你的内心得到支持，感到满足，改变你的过分敏感的情绪。

所以，我们要想找到自己的安全感，不妨先给别人安全感，去关心家人、朋友和同事，然后自己才会获得安全感。安全感能够让我们拥有健康的心理和人格，也能让我们的社会关系更加和谐与稳定。

第八章

那些奇怪的地球人

第一节 石油国的炫富土豪

在西方国家，很多富豪极为低调、亲民。他们更愿意去做慈善。甚至还有很多隐形富豪，世人根本不知道他们到底有多少钱。

而在沙特阿拉伯，是另外一番景象。沙特阿拉伯的富豪可以说挥金如土，过着奢靡的日子，他们总是毫无保留地到处炫耀着那些金钱给自己带来的种种享受。

在我们的印象中，这些沙特的土豪们大多住着富丽堂皇的宫殿，天上飞的是奢华的私人飞机，地上跑的是顶级的跑车，水里游的是豪华的私人游艇。他们在世界各地置办行宫别墅，极尽炫富之能事。

2013年的英国《每日邮报》曾经报道，沙特的土豪们经常在社交网站上炫耀自己的宠物。一般人养个狗、猫当作宠物也就罢了，而他们的宠物竟然是狮子、猎豹，或者其他的珍禽猛兽。土豪们常常会晒出很多形态各异的照片，有的是和宠物在豪车上尽情嬉戏，有的是带着宠物在游艇上破浪前行……怎么样，听起来是不是很拉风，也很与众不同呢？要知道，根据市场报价，一头狮子至少要5万美元（折合人民币约30万元）才能买到。他们养的并不是宠物，而是一种身份和地位。在2014年时，中东地区的一个土豪从卡萨布兰卡飞往阿布扎比，竟然为他的12头老鹰买了12张经济舱的飞机票，他自己则舒服地坐在头等舱里。这一场景几乎把同机的乘客们看呆了。

2013年5月，沙特阿拉伯的王子法赫德·阿勒沙特为了庆祝自己毕业，大手笔地包下了整个巴柳迪士尼乐园，3天的时间里整整花掉了1500万欧元，只为自己能和60多个朋友一起痛痛快快地玩耍、庆祝。2014年2月，马尔代夫总统雅门邀请沙特阿拉伯王储萨尔曼访问。萨尔曼王储想趁此机会在马尔代夫度个假，就一掷千金，抛出1800万英镑的高价，包下了安娜塔拉薇莉岛、娜拉杜岛和安娜塔拉笛古岛三座小岛上的全部度假村，大摇大摆地享受了一个月。据报道，度假村集团为了好好招呼这位富翁王储，特意取消了一个月之内所有游客的预定。而王储本人的这次出行访问，排场也是相当惊人，光是保镖就有100余名。

中东炫富成风，以上的几则新闻报道也不过是些稀松平常、见怪不怪的事情。在中东地区，当财富已经成为一种成功的标志时，人们对于财富的占有欲也相应地达到了顶峰。炫富其实是为了获得自我满足感，是一种攀比心理，背后则隐藏着渴望被尊重的期待心理。同时，炫富也反映了人们内心的另一面，那就是缺乏安全感。有些人会通过别人的羡慕嫉妒恨来充实自己内心的安全感；还有人过多地注重物质财富，精神世界却没有同步丰富起来。

那么，沙特的土豪们那源源不断的财富到底从何而来呢？为什么他们会对金钱毫不在意地尽情挥霍？原来，沙特的加瓦尔油田是全球储量最高的油田，根据权威部门估计，该油田未开采的原油储量高达 750 亿桶，几乎占世界原油储量的 1/4。沙特的普通劳动者大部分从事着与石油有关的服务行业，石油产值高达 3354 亿元，约占全国 GDP 的 45%，即使国际油价浮动，对本国影响也有限，沙特土豪们并不在乎。

在沙特阿拉伯，最有钱的阶层要属王室了。但是由于王室财富并不公开透明，人们并不知道他们到底有多少钱。紧随其后的，就是民间家族财团。沙特的石油资源供养了一个不用生产劳动的“有闲”阶层。因为中东国家基本没有税，所有的国民都是自然资源的得利者，钱来得容易，挥霍起来自然也轻松。而中东国家的大部分劳动者都是外国人，那些本国人反而把工作看得无关紧要，他们每个月轻轻松松就可以从父母那里得到大把的零花钱，丧失了进取精神，只知道挥霍享乐、游戏人生。中东国家的福利特别好，动不动就会给全体国民发钱、发黄金等。即使财富分配存在不公，但是在这种人人有份的国度里，人们对于那些更阔气土豪的肆意炫富也就见怪不怪了。所以，土豪们的炫富行为并不会引起平民的仇富心理，因而也就更加肆无忌惮。

长期稳坐世界首富交椅的比尔·盖茨，个人生活却非常简单，并不会刻意去买名牌和奢侈品。他总是愿意把更多的钱用到慈善事业上，维护“比尔和梅林达基金会”的正常运行。他曾在一次采访中表示：“我当然衣食无忧。当财富多到一定程度，金钱对我来说就没用了。我的财富完全是用来构建一个机构，将资源分配到世界上最穷的地方去。”而比尔·盖茨做慈善仅仅是为了“人类的尊严和平等”。人生而平等，我们希望别人怎么对待自己，就应该怎么对待别人。

中东的土豪们实在应该沉下心来，学习一下比尔·盖茨先生。因为天长日久的炫富只会在让世人咋舌的同时，也相继感慨资源的不可持续性。与其依赖炫富得到认同，还不如给自己充充电，用实力和内涵赢得世人的尊重。投身于慈善等对人类有益的事业中去，正所谓“独乐乐不如众乐乐”。

第二节　文人骚客的独特爱好

“飞流直下三千尺，疑是银河落九天”“去年今日此门中，人面桃花相映红”“轻轻地我走了，正如我轻轻地来”……每每读到这样口齿生香的诗句，我们不由得会被这些诗人大儒的华丽文采所深深折服。这些脍炙人口的语句，让我们情不自禁地反复诵读，回味无穷。

可以说，文人骚客们就是中国文学史的创作者和推动者。正是因为有了这些文人骚客，我们今天才能拥有如此丰富多彩的文学作品可以把玩赏析、愉悦身心；也正是因为有了这些文人骚客，我们今天才能拥有如此精彩纷呈的文人故事可以反复评说。文人骚客其实也是一群“闷骚”的家伙。在那个言论不自由的年代，他们郁郁不得志，只能借由文学作品来抒发内心情感。但这种“闷骚”其实也是一种情绪压抑的表现。“骚客”一词就是指诗人和忧愁失意的文人。其最早的出处是屈原的千古名作《离骚》。

李白曾在《古风》中吟唱：“正声何微茫，哀怨起骚人。”李大钊也在《青春》中写道：“或则幽闺善怨，或则骚客工愁。”文人骚客在历史上一般是用来形容那些有文化、不得志、心性风流的有才之人。

古往今来，有数不胜数的文人骚客是风流才子。白衣卿相，花前月下，文人骚客的趣事多到讲也讲不完。

柳永是北宋前期著名的词作家。柳永在少年时就混迹在烟花柳巷中，与妓女、乐工们建立起了深厚的友谊。后来宋仁宗下了一道圣旨："任作白衣卿相，风前月下填词。"从此，柳永更是整日纵游在妓院和酒楼，写下了《雨霖铃》《蝶恋花》等多篇堪称千古绝唱的美词："寒蝉凄切，对长亭晚，骤雨初歇。都门帐饮无绪，留恋处，兰舟催发。执手相看泪眼，竟无语凝噎。念去去、千里烟波，暮霭沉沉楚天阔。　多情自古伤离别，更那堪、冷落清秋节！今宵酒醒何处？杨柳岸，晓风残月。此去经年，应是良辰好景虚设。便纵有千种风情，更与何人说？""拟把疏狂图一醉，对酒当歌，强乐还无味。衣带渐宽终不悔，为伊消得人憔悴。"柳永的衣食都由名妓们供给，她们都巴望着他赐一词以抬高身价。柳永曾自称"奉旨填词柳三变"，相传一代才子柳永去世之时，"家无余财，群妓合金葬之"。

民国时期的徐志摩风流倜傥，留下的风流韵事更是不少。他曾经深情地爱着林徽因："我将在茫茫人海中，寻找我人生之唯一伴侣。得之，我幸；不得，我命。"而当时，他已经是有太太的男人，这也许就是藐视人间一切规则的骚客情结的表现。在徐志摩与陆小曼结婚之后，他竟然还津津乐道地将自己嫖妓的经历通过书信向太太坦诚地汇报。他曾在 1931 年 6 月 25 日的信中写道："说起我此来，舞不曾跳，窑子倒是去过一次，是老邓硬拉去的。再不去了，你放心。”同年10月1日的信中又写道：“晚上，某某等在春华楼为胡适之饯行。请了三四个姑娘来，饭后被拉到胡同。对不住，好太太。我本想不去，但某某说有他不妨事。某某病后性欲大强，他在老相好鹈鹕处又和一个红弟老七发生了关系。昨晚见了，肉感颇富。她和老三是一个班子，两雌争某某，醋气勃勃，甚为好看。”

2001年的诺贝尔文学奖得主印度作家维·苏·奈保尔更是个不折不扣的“混蛋作家”。他自私、嫖妓、折磨妻子、奴役情妇。在获奖后，他的获奖感言竟然是“感谢妓女”。他认为“她们（妓女）给予我安慰。我无法去追求其他的女人，因为耗费时间，需要很多天、很多个星期的时间，这等于是放弃事业”。1955年，维·苏·奈保尔和第一任妻子帕特举结婚，却固执地拒绝与妻子发生性关系，而自己经常出门嫖妓。因为帕特举深深地爱着他，所以，只是默默地充当他的助手和编辑。此外，维·苏·奈保尔还有一个情人——英裔阿根廷女子玛格丽特·穆雷玛格，两个人竟然保持了24年的情人关系。玛格丽特·穆雷玛格为了他，离开了自己的丈夫和孩子，为他怀孕三次，堕胎三次，而奈保尔竟然都不肯付医药费。妻子病故后才两个月，维·苏·奈保尔就立刻与巴基斯坦的新闻记者纳迪娜完婚。

2013年，在崇尚“自由、平等和博爱”的浪漫之国——法国，大批文艺界、学术界的知识分子公开请愿，为的就是维护自己的“嫖妓权”，并打出了“别碰我的妓女”的口号。他们认为，反对嫖妓就是侵犯自由，这一行为引起了社会舆论的轰动。

文人骚客的感情生活之所以如此丰富，跟他们的身份也有着一定的关系。孔子曰："饮食男女，人之大欲存焉。"孟子也说，"好色，人之所欲"。可见，好色是人与生俱来的天性。都说英雄难过美人关，更何况这些激扬文字、粪土万户侯的文人骚客呢！

文人骚客在感情上一般都比较敏感，多是性情中人。他们或激情洋溢，或婉转细腻，多是感性超过理性，用自己的真性情做事，而不在乎其他。多个红颜知己的陪伴，恰恰丰富了他们的人生经历，也激起了他们文学创作的激情与灵感。

回顾历史，文人骚客与美女之间总是不断上演着爱恨离愁的纠葛故事。而其中很多的故事又通过文人骚客写诗、作赋一一留存下来。虽然文人骚客的独特爱好可能会成为人们茶余饭后的笑谈，但我们却无法否认他们的才华和贡献。正是因为他们，我们才看到了人生的真谛，世界的本源。

参考资料

1. ［美］劳伦·B. 阿洛伊、［美］约翰·H. 雷斯金德:《变态心理学》，上海社会科学院出版社，2005 年版。

2. 钱铭怡:《变态心理学》，北京大学出版社，2006 年版。

3. ［美］戴维·迈尔斯:《社会心理学》，人民邮电出版社，2006 年版。

4. ［美］伯格:《人格心理学心理学》，轻工业出版社，2014 年版。

5. 林崇德:《发展心理学》，人民教育出版社，2008 年版。

6. 罗跃嘉:《认知神经科学教程》，北京大学出版社，2006 年版。

7. 钱铭怡:《心理咨询与心理治疗》，北京大学出版社，1994 年版。

8. 志摩千岁:《张国荣的时光》，上海书店出版社，2011 年版。

9. ［美］麦克·怀特:《达芬奇：科学第一人》，中国人民大学出版社，2011 年版。

10. 董衡巽:《海明威传》，浙江文艺出版社，2008 年版。

11. 任崇岳:《宋徽宗：北宋家国兴亡实录》，河南人民出版社，2007 年版。

12. 陈振:《宋史》，上海人民出版社，2003 年版。

13. ［美］黄仁宇:《万历十五年》，中华书局，2007 年版。

14. 孟森:《明史讲义》，中华书局，2006 年版。

15. [法] 安德烈·莫洛亚:《巴尔扎克传: 普罗米修斯或巴尔扎克的一生》，浙江大学出版社，2014 年版。

16. [美] 沃尔特·艾萨克森:《史蒂夫·乔布斯传》，中信出版社，2011 年版。

17. 张翎:《余震》，北京十月文艺出版社，2010 年版。

18. [美] 詹姆斯·卡拉特:《生物心理学》，人民邮电出版社，2011 年版。

19. [奥] 西格蒙德·弗洛伊德:《梦的解析》，江苏凤凰文艺出版社，2016 年版。

20. [美] 理查德·格里格、[美] 菲利普·津巴多:《心理学与生活》，人民邮电出版社，2003 年版。

21. 胡因梦:《生命的不可思议: 胡因梦自传》，深圳报业集团出版社，2011 年版。

22. 张爱玲:《金锁记》，哈尔滨出版社，2005 年版。

23. [俄] 列夫·托尔斯泰:《安娜·卡列尼娜》，上海译文出版社，2006 年版。

24. [美] 托马斯·哈里斯:《红龙》，译林出版社，2006 年版。

25. [奥] 西格蒙德·弗洛伊德:《图腾与禁忌》，上海人民出版社，2005 年版。

26. [英] 道格拉斯·亚当斯:《银河系漫游指南》，四川科学技术出版社，2005 年版。

图书在版编目（CIP）数据

重口味心理学. 第二季 / 何运燕著. —北京：中国法制出版社，2018.8
ISBN 978-7-5093-9361-1

Ⅰ. ①重…　Ⅱ. ①何…　Ⅲ. ①心理学—通俗读物　Ⅳ. ①B84-49

中国版本图书馆CIP数据核字（2018）第054286号

策划编辑：郭会娟（gina0214@126.com）
责任编辑：郭会娟　冯　运（fengyun1s@126.com）　　封面设计：汪要军

重口味心理学.第二季
ZHONG KOUWEI XINLIXUE. DI-ER JI

著者 / 何运燕
经销 / 新华书店
印刷 / 三河市国英印务有限公司
开本 / 710毫米 × 1000毫米　16开　　印张 / 14　字数 / 144千
版次 / 2018年8月第1版　　2018年8月第1次印刷

中国法制出版社出版
书号ISBN 978-7-5093-9361-1　　定价：39.80元

值班电话：010-66026508
北京西单横二条2号　邮政编码100031　　传真：010-66031119
网址：http://www.zgfzs.com　　**编辑部电话：010-66054911**
市场营销部电话：010-66033393　　**邮购部电话：010-66033288**
（如有印装质量问题，请与本社印务部联系调换。电话：010-66032926）